高职高专教育"十四五"规划教材

# 公差配合与技术测量实训

主 编 王 丽
副主编 秦少军 吴立波 李莉娅

北京工业大学出版社

## 内 容 简 介

本书根据高等职业教育"十四五"规划教材的要求编写。全书包括长度测量、角度测量、形位测量、表面粗糙度测量、螺纹测量、齿轮测量、精密测量等。本书着重介绍了常用计量器具的结构、测量原理及基本操作方法与测量步骤。内容简明扼要,理论联系实际,各章均设了实训数据记录表,以配合实训教学所需。

本书可作为高等职业技术院校机械类各专业的教材,也可供成教、本科院校的二级职业技术学院机械类各专业的师生使用,还可供从事机械设计与制造、标准化、计量测试等工作的工程技术人员参考。

### 图书在版编目(CIP)数据

公差配合与技术测量实训 / 王丽主编. —北京:北京工业大学出版社,2010.9(2022年修订)

ISBN 978-7-5639-2503-2

Ⅰ.①公… Ⅱ.①王… Ⅲ.①公差-配合②技术测量 Ⅳ.①TG801

中国版本图书馆CIP数据核字(2010)第177705号

---

### 公差配合与技术测量实训

| | |
|---|---|
| 主　　编:王　丽 | 经销单位:全国各地新华书店 |
| 责任编辑:刘庆保　王轶杰 | 开　　本:787 mm×1 092 mm　1/16 |
| 出版发行:北京工业大学出版社 | 印　　张:7.25 |
| 地　　址:北京市朝阳区平乐园100号 | 字　　数:193千字 |
| 邮政编码:100124 | 版　　次:2022年2月第1版 |
| 电　　话:010-67391106　010-67392308(传真) | 印　　次:2024年1月第2次印刷 |
| 电子信箱:bgdcbsfxb@163.net | 标准书号:ISBN 978-7-5639-2503-2 |
| 承印单位:英格拉姆印刷(固安)有限公司 | 定　　价:35.00元 |

版权所有　翻印必究

图书如有印装错误,请寄回本社调换

# 前　言

　　公差配合与机械测量，即公差配合与测量技术是高等工科院校机械类各专业的一门重要的技术基础课，也是一门与制造业发展紧密联系的综合性技术基础学科。

　　该课程的实训教学是教学过程中的重要组成部分，也是培养学生提高检测技术水平的重要环节。编者根据机械类专业公差配合与机械测量课程教学改革的要求，在科学总结教学经验的基础上编写了本教材。

　　通过本书实训环节，学生可以掌握常用测量器具的基本操作方法，分析机械加工中误差产生的原因，以及了解如何减小误差、提高零件精度，同时还可以加深对课堂所学内容的理解，进而培养学生的实践能力。

　　本书以高职高专专业培养为目标，在编写过程中围绕相关院校公差配合与机械测量教学大纲，结合相关院校机械测量实训室现有设备条件，加强了实践性和应用性。

　　由于编者水平所限，错误和不足之处在所难免，恳请读者批评指正。

编　者

# 目 录

第一章　长度测量 ······················································································· 1

　实训一　用万能测长仪测量内径 ··························································· 1
　实训二　用立式测长仪测量外径 ··························································· 5
　实训三　用大型工具显微镜测量小孔 ···················································· 7
　实训四　用立式光学比较仪测量塞规 ·················································· 10
　实训五　用内径指示表测量孔径 ························································· 13

第二章　角度的测量 ················································································· 16

　实训六　用万能角度尺测量工件角度 ·················································· 16
　实训七　用正弦规测量锥度塞规 ························································· 18
　实训八　用光学分度头测量花键轴 ····················································· 20
　实训九　刀具的综合检测 ··································································· 23

第三章　形位测量 ····················································································· 26

　实训十　用合像水平仪测量导轨直线误差 ··········································· 26
　实训十一　用自准直仪测量直线度误差 ·············································· 30
　实训十二　用指示表和平板检测平面度误差 ········································ 33
　实训十三　圆度误差的测量 ······························································· 36
　实训十四　位置误差的测量 ······························································· 39
　实训十五　跳动误差的测量 ······························································· 41

第四章　表面粗糙度测量 ·········································································· 44

　实训十六　用光切显微镜测量表面粗糙度 ··········································· 44
　实训十七　干涉显微镜测量表面粗糙度 $R_z$ ······································· 47
　实训十八　用表面粗糙度分析仪测量表面粗糙度 ································· 49

第五章　螺纹测量 ····················································································· 56

　实训十九　用螺纹千分尺测量普通外螺纹中径 ···································· 56
　实训二十　用三针法测量外螺纹中径 ·················································· 57

实训二十一　影像法测量螺纹参数 ……………………………………… 60

## 第六章　齿轮测量 ……………………………………………………………… 67

实训二十二　齿轮径向综合误差和一齿径向综合误差的测量 …………… 67
实训二十三　齿轮单个齿距误差和齿距累计误差的测量 ………………… 70
实训二十四　齿轮径向跳动的测量 ………………………………………… 74
实训二十五　齿轮公法线长度误差的测量 ………………………………… 77
实训二十六　齿轮齿厚误差的测量 ………………………………………… 79

## 第七章　精密测量 ……………………………………………………………… 83

实训二十七　用智能测高仪综合测量长度、角度参数 …………………… 83
实训二十八　数据处理万能测长仪综合测量 ……………………………… 91
实训二十九　智能齿轮双面啮合综合测量仪综合测量齿轮径向参数 …… 98
实训三十三　坐标测量机测量几何量误差 ………………………………… 102

# 学生实训守则

1. 进入实训室前，必须更换拖鞋。除必要的书籍和文具外，其它物品不得带入实验室。
2. 进入实训室后，不准随便吐痰、抽烟和乱抛纸屑，保持室内清洁和安静。
3. 凡与本次实训任务无关的仪器，均不得动用和触摸。
4. 实训前认真预习实训指导书，在教师的指导下，按照规定的测量步骤进行实训内容。
5. 实训过程中，应擦净计量器具和被测工件。细心调整，用力适当，严禁用手触摸光学镜头。
6. 在接通电源时，要特别注意仪器要求的电压。如仪器发生故障，应立即报告指导教师处理，不得自行拆修。
7. 实训完毕后，切断量仪电源，清理实验现场，做仪器保养，将使用过的计量器具和被测工件图除锈油和防锈油后整理好，放回原处，认真填写实验报告（包括记录数据与处理数据，以及绘制必要的图形）。
8. 爱护实训设备器材，如损坏计量器具，应根据具体情节，按有关规章制度进行处理。

# 实训报告的基本内容和要求

学生对每个实训内容应做到：原理清楚，方法正确，数据准确可靠，会简单处理测量结果，会查阅公差表格，认真书写实训报告。实训报告要独立完成。

实验报告一般包括下述内容：
1. 实训名称。
2. 实训目的。
3. 测量原理。
4. 测量步骤。
5. 数据处理及结论。
6. 实训的难点和心得体会。

其中数据处理及结论包括：
（1）量仪名称及规格。
（2）被测工件。
（3）测量数据。
（4）合格性判断及缘由。

# 第一章 长度测量

## 实训一 用万能测长仪测量内径

### 一、实训目的

1. 了解万能测长仪的结构及工作原理
2. 掌握平面螺旋读数装置的原理及读数方法
3. 熟悉利用电眼装置测量孔径的方法

### 二、实训设备

万能测长仪

### 三、仪器结构及工作原理

1. 仪器结构

万能测长仪由底座、测座、工作台及尾座等构成,另备有多种附件,其外形结构如图1-1所示。

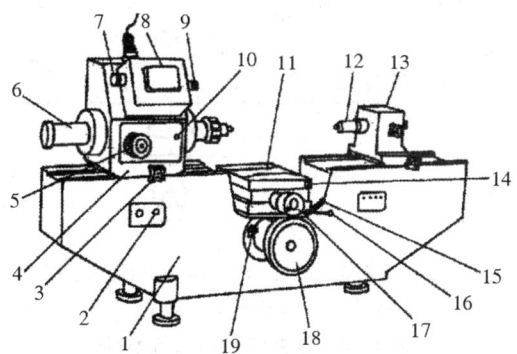

1—底座;2—电源开关;3—测座固定螺钉;4—测座;5—主轴微动手轮;6—测量主轴;7—微米分划板调节旋钮;8—影屏;9—测微旋钮;10—测量主轴的固定螺钉;11—工作台;12—尾管;13—尾座;14—工作台绕垂直轴转动手柄;15—固定手柄;16—工作台绕水平轴转动手柄;17—工作台横向移动测微手轮;18—工作台升降手轮;19—固定螺钉

图1-1 万能测长仪外形结构

## 2. 测量原理

万能测长仪测量原理如图 1-2 所示。

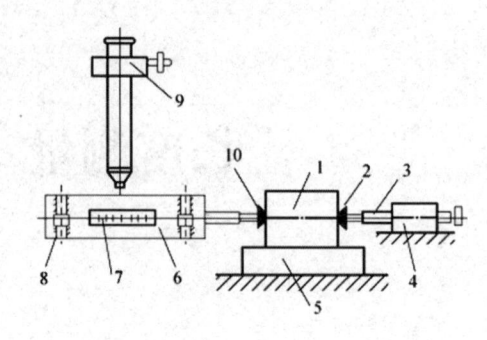

1—被测工件；2，10—测帽；3—尾管；4—尾座；5—工作台；
6—量轴；7—指示光栅尺；8—滚动轴承；9—液晶显示器

图 1-2 万能测长仪测量原理图

进行测量时，被测量工件的长度与测量座中标准线尺的基准轴线处在一条直线上，以尾架座测量头作为瞄准定位，以测量座测头作为活动测量点。测量座测头随被测长度变化而移动，移动量值通过装在测量座上的读数装置被读出。

## 3. 万能测长仪的读数装置

读数显微镜光学系统如图 1-3 所示。

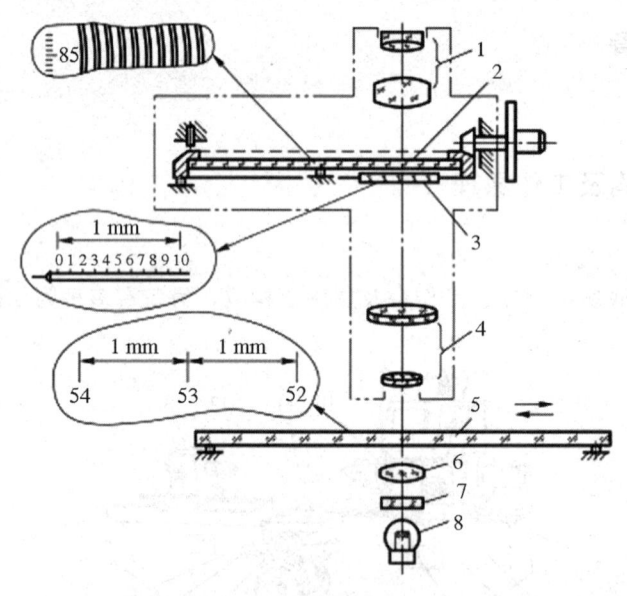

1—目镜；2—螺旋分划板；3—固定分划板；4—物镜；
5—基准刻线尺；6—聚光镜；7—滤光片；8—光源

图 1-3 读数显微镜光学系统

读数时，在目镜中能同时看到三种不同的刻度尺，主刻度尺上有 100 格，分度值为 1mm，副刻度尺上有 10 格，分度值为 0.1mm。另外，还有 10 圈阿基米德螺旋线（双线），其圆周上刻有 100 等分的圆周刻线，每格刻度值为 1μm。

## 四、测量步骤

图 1-4 为电眼法测量孔径原理图。

1. 安装小孔测量的专用附件（电眼指示器，绝缘工作台，支持臂和测头）。

（1）将电眼指示器插入基座背面的孔座中，并把插头接在仪器的线路上。

（2）将绝缘工作台固定在卧式工作台上，并将它调到水平（见水平气泡），再把另一线头插入绝缘台孔中。

（3）把选好的已知其精确尺寸的球形测头装在支持臂架上，然后把支持臂架装在测量杆上，并使水平气泡位于中央，测量球可以向上或向下安装。

2. 调整测量头架和测量杆的位置

（1）把头架大约移在底座左边居中的位置，然后固紧。

（2）松开螺钉，移动测量头位置。

3. 安装工件及调整测量中心

（1）将工件安放在绝缘工作台上，然后用夹子夹紧。移动测量杆使球偏左，如图 1-5 所示，再上升工作台是测量球深入孔内 1mm 处，然后固定测杆位置。

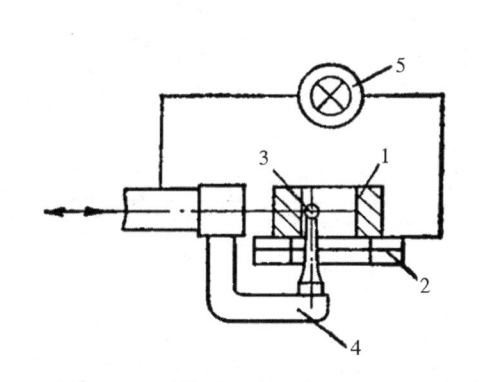

1—被测工件；2—工作台；3—测头；
4—支持臂架；5—电眼指示器

图 1-4 电眼法测量孔径原理图

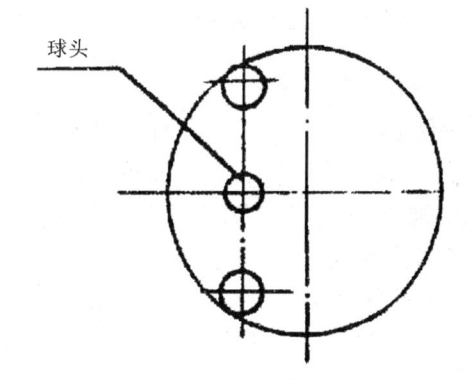

图 1-5 调整测量中心

（2）转动头架的标记手把，使红点对着操作者，然后转动千分螺丝，使工作台横向移动，同时观察电眼，当电眼闪耀时记下千分筒的读数，再反向转动千分螺丝，直至电眼闪耀，同时记下第二个读数，这两个读数的平均值就是工件孔径测量线上的一点（见图1-5），把千分螺丝固定在平均值位置上。

4. 测量小孔直径

（1）旋转标记手把，是黑点对着操作者，然后用手移动测量杆，使测量球大约离开工件 0.5mm，即停止移动，再反向旋转标记手把，使红点对着操作者，然后转动微动手轮，使测量球移向孔壁一侧，当电眼闪耀时，在目镜中读取第一次读数值 $a_1$。

（2）如上述方法，使测量球移向孔壁另一侧，当电眼闪耀时，在目镜中读取第二次读数 $a_2$，两次读数之差再加上测量球的直径 $d_{测球}$，就是被测孔的直径 $D_{测}$（见图1-6）。

即
$$D_{孔}=d_2-d_1+d_{测球}=d_{测球}+(a_1-a_2)$$

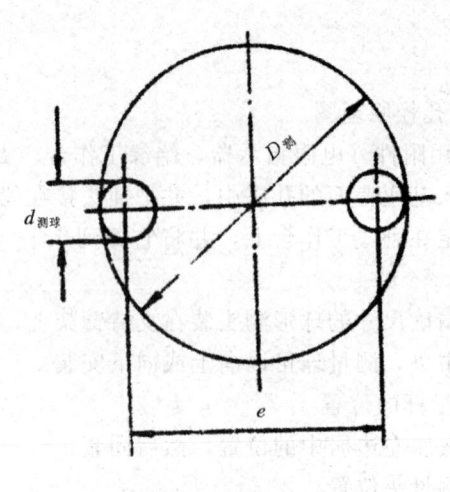

图 1-6 测量孔径尺寸

5. 把所测得结果记入实训报告，并判断孔径是否合格。

注意：工件的测量面及测量球均应擦拭干净，避免因油的接触发生间接通电。

## 五、数据处理及结论

1. 量仪名称及规格

量仪名称_____  标尺分度值_____

量仪测量范围_____  测球直径_____

2. 被测工件

被测件名称_____

被测孔的直径尺寸及上、下误差_____ mm

3. 测量数据及其处理

| 测量 | 坐标 | 方向 | 仪器读数/mm |
|---|---|---|---|
|  | Y |  |  |
|  |  |  |  |
|  | X |  |  |
|  |  |  |  |
| 计算孔距 |  |  |  |

4. 合格性判断及缘由

# 实训二 用立式测长仪测量外径

## 一、实训目的

1. 了解立式测长仪的结构及工作原理
2. 掌握平面螺旋读数装置的原理及读数方法
3. 熟悉利用电眼装置测量孔径的方法

## 二、实训设备

立式测长仪

## 三、仪器结构及工作原理

1. 仪器结构

立式测长仪是一种精度较高的仪器,图1-7为立式测长仪的外形图。量仪由支撑装置、传动装置、测量和螺旋读数装置等三部分组成。

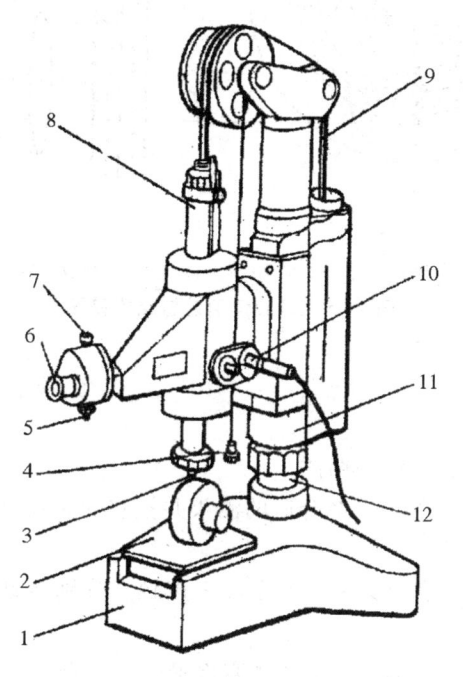

1—底座;2—工作台;3—测头;4—拉锤;5—手轮;6—目镜;7—调整螺钉;
8—测量主轴;9—钢带;10—光源;11—支架;12—立柱

图1-7 立式测长仪的外形图

2. 测量原理

该测量仪采用螺旋读数装置,结构简图见图1-8。螺旋读数装置有三个刻度尺:安装在主轴上的毫米刻度尺 2；固定分划板 4 上的 0.1mm 刻线尺；可旋转分划板 1 上的圆周刻线尺 3。物镜将示值范围为 0～100mm 的毫米刻线尺放大成像在固定分划板上。分划板上共有 11 条等距刻线，其总宽度就等于毫米刻线尺上相距 1mm 的相邻两条刻线放大成像后的距离。所以固定分划板 4 的分度值为 0.1mm，示值范围为 0～1mm。紧靠其上有一块可旋转分划板 1，转动手轮（图 1-7 中 5）可使这分划板本身中心回转。分划板中部刻有 100 格等分的圆周刻度，外围有 11 圈阿基米德螺旋双线，螺旋线的极点与这分划板的中心重合，螺旋线的螺距等于固定分划板 4 刻度间距 0.1mm。可旋转分划板 1 每旋转一圈，螺旋双线沿径向相对于固定分划板 1 移动一格，即移动 0.1mm。可旋转分划板 1 每旋转一格圆周刻度，螺旋双线只移动 0.1/100 格，即移动 0.001mm。所以圆周刻线尺的分度值为 0.001mm。

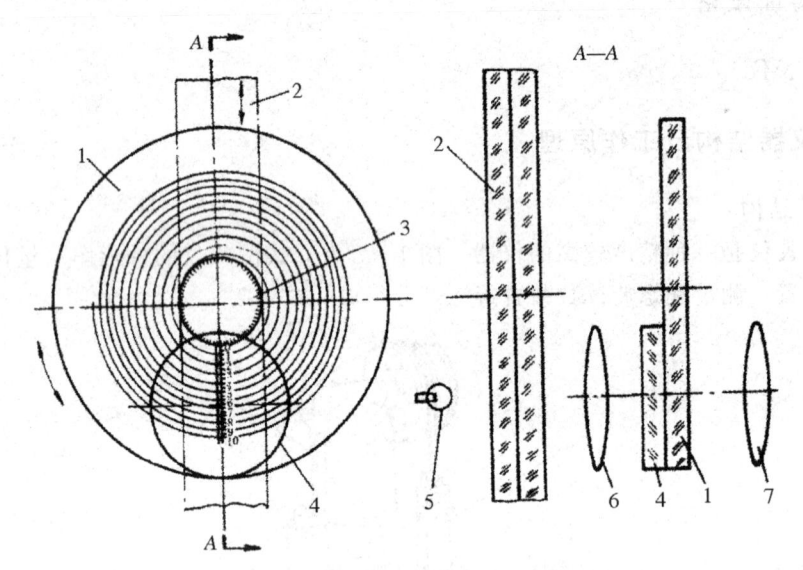

1—旋转读数划板；2—毫米刻度尺；3—圆周刻线尺；4—固定分划板；5—光源；6—物镜；7—目镜

图 1-8 螺旋读数装置结构简图

## 四、测量步骤

以下是具体的测量步骤，请参照图 1-7。

(1) 通过变压器接通电源。选择合适的测头并把它安装在测量主轴 8 上。然后，转动目镜 6 的调节环来调节视度。

(2) 移动测量主轴 8，使测头 3 与工作台 2 接触。分别转动手轮 5 和调整螺钉 7，调整量仪示值为零位。

(3) 用拉锤 4 拉起测量主轴 8，将被测塞规置于工作台 2 上，使测头 3 与该塞规的工作表面接触。然后，在测头下缓缓地前后移动被测塞规工作表面，找出毫米刻度尺的最大示值，并按前述方法读取被测实际尺寸的数值。

(4) 在塞规工作表面均布的两个横截面上，分别对相互垂直的两个直径位置进行测量，如图 1-9 所示。

(5) 确定被测塞规工作部分的实际尺寸，并按塞规图样，判定被测塞规的合格性。

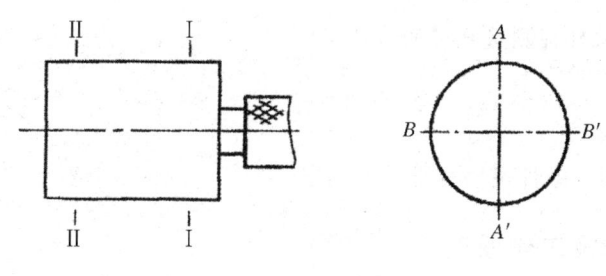

图 1-9 测量部位

### 五、数据处理及结论

1. 量仪名称及规格
量仪名称_____ 标尺分度值_____
量仪测量范围_____ 标尺示值范围_____
2. 被测工件
被测件名称_____
被测孔的直径尺寸及上、下误差_____ mm
调整量仪示值零位所使用量块组中各块量块的尺寸（单位：mm）
_____、_____、_____、_____、_____
3. 测量数据及其处理

| 测量简图 | 坐标 | 方向 | 仪器读数/mm |
| --- | --- | --- | --- |
|  | Y |  |  |
|  |  |  |  |
|  | X |  |  |
|  |  |  |  |
| 计算孔距 |  |  |  |

4. 合格性判断及缘由

# 实训三　用大型工具显微镜测量小孔

### 一、实训目的

1. 了解工具显微镜测量原理及主要结构
2. 熟悉使用双像目镜头测量孔距的方法

3. 熟悉使用灵敏杠杆测量孔径的方法

## 二、实训设备

大型工具显微镜，附件灵敏杠杆

## 三、仪器结构及工作原理

1. 仪器结构

工具显微镜是一种以影像法作为测量基础的光学量仪，它可以用于各种复杂的测量工作。工具显微镜分小型、大型和万能工具显微镜，虽然它们的测量精度和测量范围不同，但基本原理是一样的。如图1-10为大型工具显微镜结构。

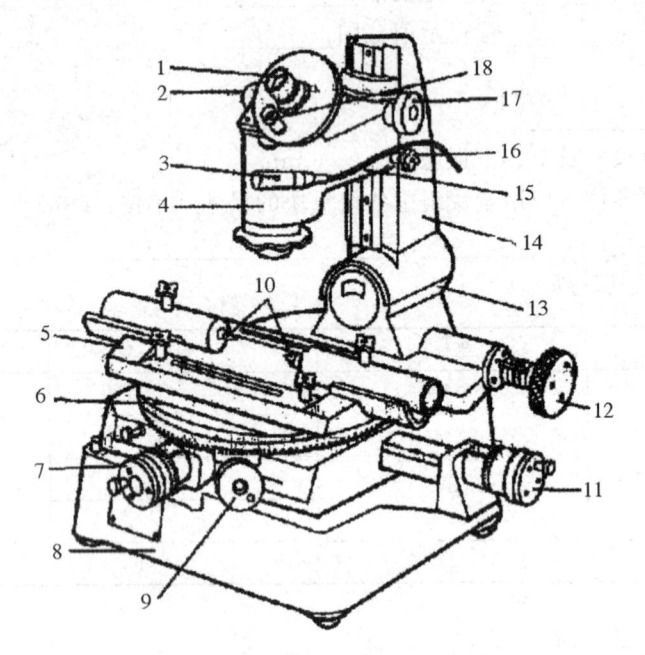

1—目镜；2—米字线旋转手轮；3—角度读数目镜光源；4—显微镜筒；5—顶尖座；6—圆工作台；7—横向千分尺；8—底座；9—圆工作台手轮；10—顶尖；11—纵向千分尺；12—立柱倾斜手轮；13—连接座；14—立柱；15—横臂；16—锁紧螺钉；17—升降手轮；18—角度视值目镜

**图1-10 大型工具显微镜结构**

大型工具显微镜主要有底座8，纵向滑板上有横向滑板，能在纵向滑板上作横线移动，测微螺杆用来读出工作台纵向、横向的距离，横向滑板上装有圆工作台6，旋转圆工作台手轮9可以使工作台在水平面内旋转360°，旋转角度可由工作台周围的刻度及固定游标读出，游标的分度值为3′，调整角度后用手轮锁紧。在圆周巩固总台中央有透明装物台，某些工件可直接安装其上进行测量。支座上有两个轴承孔，作为支臂的倾斜轴心，借助手轮12可使支臂绕轴心左右倾斜。倾斜度数可由螺旋读数套读出，倾斜角度为±12°，分度值为30′。旋转手轮使横臂15沿立柱14上下移动，进行显微镜粗调焦距，精调焦可转动旋钮。物镜管座用螺纹旋入横臂中，物镜共有4个，其放大倍率为1×、1.5×、3×、5×，根据需要倍率直接插入物镜管座内，管左上端设有棱镜座为测角目镜（它带有专用形状的可换目镜头,其放大倍率为 10×,故总放大倍数为 10×、15×、30×、50×)。

2. 测量原理

当孔中心和显微镜的主光轴重合时,双像重合,否则将有双像产生。利用这个原理就可迅速准确地确定孔中心的坐标值。

## 四、测量步骤

1. 仪器调整

(1) 接通电源。

(2) 调整光圈,按仪器所带的光圈表或计算公式选取适当的光圈直径,把光圈调好,使聚光镜发出的光束的散发面在一定范围内,则可减少测量误差。

2. 安装双像目镜头

3. 工件安装在工作台上,并调整好仪器的焦距

4. 移动纵向,横向滑板使孔 1 两个像重合

5. 读出纵向,横向读数,此值就是孔 1 的中心坐标值。再移动纵向,横向滑板使孔 2 双像重合,读出纵向、横向读数,此值就是孔 2 的中心坐标值。

6. 计算两孔距离 $L$,$L$ 等于两孔中心坐标值差的平方和的开方后的值。

## 五、数据处理及结论

1. 量仪名称及规格

量仪名称_____  标尺分度值_____

量仪测量范围_____  标尺示值范围_____

2. 被测工件

被测件名称_____

被测孔的直径尺寸及上、下误差_____ mm

调整量仪示值零位所使用量块组中各块量块的尺寸(单位:mm)

_____、_____、_____、_____

3. 测量数据及其处理

| 测量简图 | | | | | |
|---|---|---|---|---|---|
| 孔 1 坐标值 | | 孔 2 坐标值 | | 孔 3 坐标值 | |
| $X_1$ | | $X_2$ | | $X_3$ | |
| $Y_1$ | | $Y_2$ | | $Y_3$ | |
| 计算孔距 | | | | | |

4. 合格性判断及缘由

# 实训四　用立式光学比较仪测量塞规

## 一、实训目的

1. 了解立式光学比较仪的结构及测量原理
2. 熟悉用立式光学比较仪测量外圆直径的方法
3. 巩固量仪的基本度量指标

## 二、实训设备

立式光学比较仪

## 三、仪器结构及工作原理

1. 仪器结构

图 1-11 为立式光学比较仪结构图。

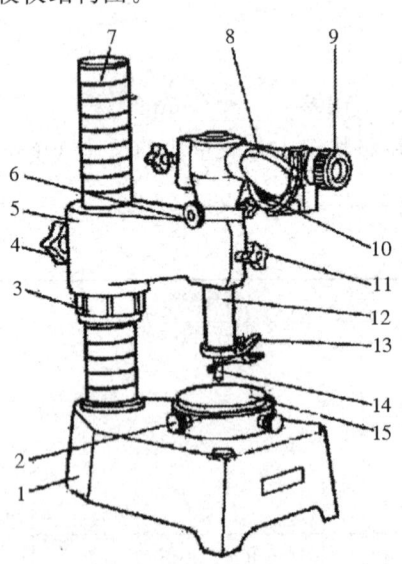

1—底座；2—工作台调整螺钉（共四个）；3—横臂升降螺圈；4—横臂升降螺钉；5—横臂；
6—细调螺旋；7—立柱；8—进光反射镜；9—目镜；10—微调螺旋；11—光管固定螺钉；
12—光管；13—测杆提升器；14—测杆及测头；15—工作台

图 1-11　立式光学比较仪结构图

## 2. 工作原理

立式光学比较仪的测量原理如图 1-12 所示。

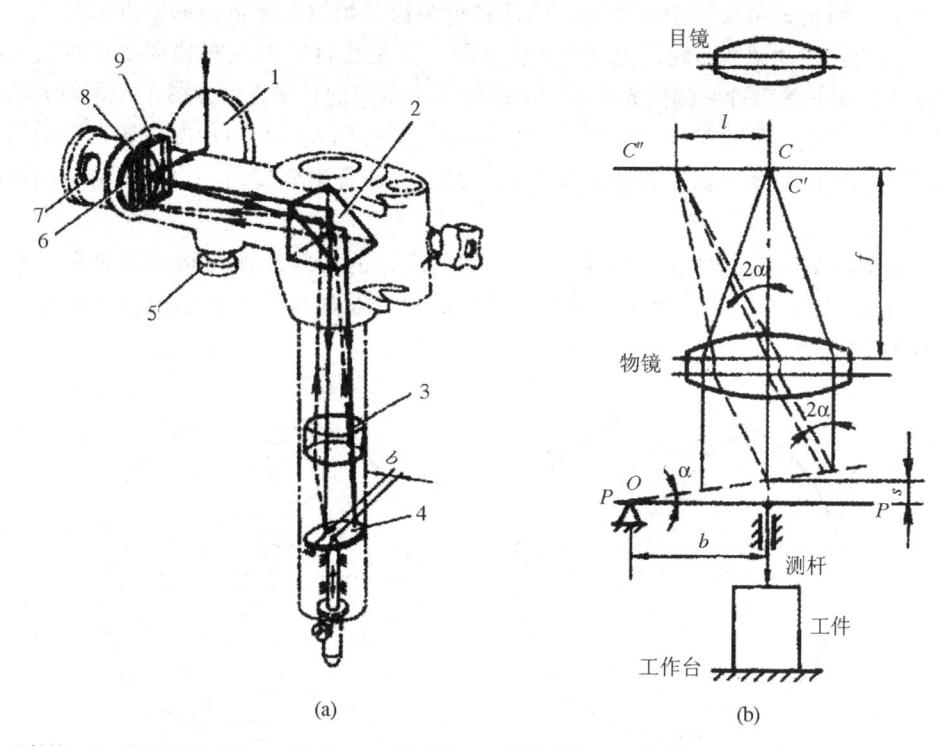

1—反射镜；2—直角转向棱镜；3—物镜；4—平面镜；5—微调手轮；6—分划板；7—目镜；8—标尺；9—棱镜

**图 1-12 立式光学比较仪的测量原理**

当测头感受到被测长度变化而上下移动时，可使支撑在测杆上的平面反射镜偏转，从而引起标尺射出的平行线也发生相应的偏转，这一偏转光线引起的标尺影像的位移量，可通过目镜观察测得。由于标尺的位移量与被测长度的变动量按一定的放大比例相对应，据此就可测得欲测尺寸。

## 四、测量步骤

1. 选择测头

测头有球状、刀口形及平面的三种，根据零件表面的几何形状进行选择，使测头与被测表面形成近似点或线接触，然后把选定的测头装在测微光管的量杆上。

2. 按被测塞规的基本尺寸组合量块

3. 通过变压器接通电源

拧动四个螺钉 2，调整工作台 15 的位置，使它与测杆 14 的移动方向垂直（通常实训室的工作人员已调整好此位置，切勿重新调整）。

4. 调整量仪零位

(1) 将量块的下测量面置于工作台 15 中央。

(2) 松开紧固测微光管的螺钉 11，将调解细调螺旋 6 升至最高处。

(3) 粗调：松开螺钉 4，转动螺圈 3，使横臂 5 缓慢下降，直至测头与量块上测面接近（约 0.5mm），且从目镜 9 的视场中看到刻线尺影像为止，然后拧紧螺钉 4。

注意：在测量头与量块接触之前，应使测量头位于量块上测量面的中点。

(4) 细调：转动调节凸轮，使测微光管下降，直至在目镜中观察到刻度尺零线的影像接近指标线为止，然后拧紧测微光管的紧固螺钉。细调后的目镜视场如图 1-13（a）所示。

注意：如目镜中的指标线（虚线）观察不清，可按个人的视力情况旋转目镜的调节视度。倘若刻度尺的影像不清，可旋转平面镜，使光线充分射到管内，以获得清晰的刻度尺影像。

(5) 微调：转动标尺零位微调螺旋 10，使刻度尺的零线影像与指标线重合。微调后的目镜视场如图 1-13（b）所示。然后压测头的提升器数次，检查示值是否稳定，目的是使零位稳定不变。

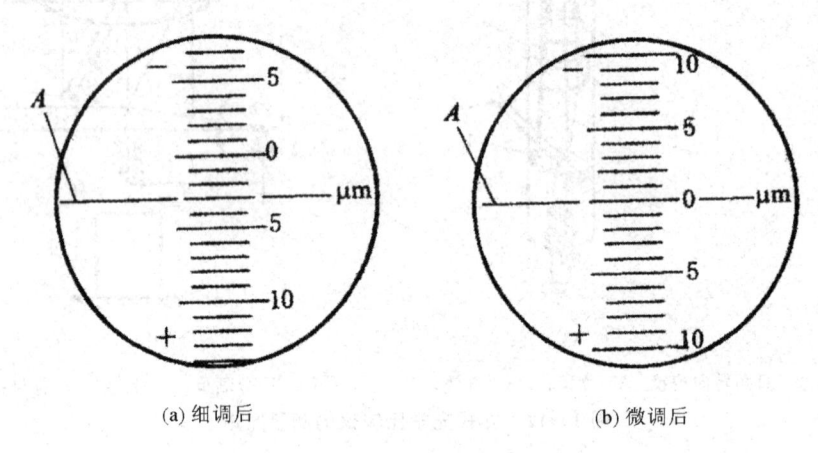

(a) 细调后　　　　　　　　(b) 微调后

图 1-13　目镜视场

(6) 抬起测头，取下量块。

### 5. 测量塞规

按实训报告中规定的测量部位——进行测量，如图 1-14 所示。每处测量 2 次，以 2 次的平均读数作为该处的实际误差，把它们分别填入实训报告，并作出是否合格的结论。

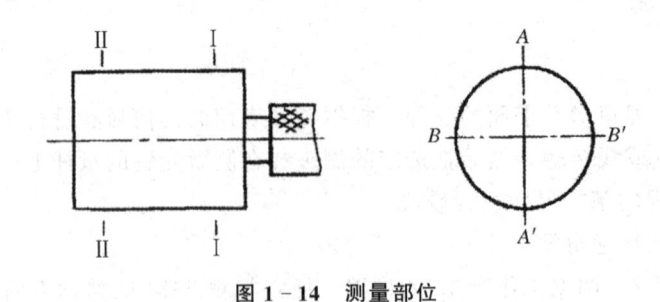

图 1-14　测量部位

## 五、数据处理及结论

### 1. 量仪名称及规格

量仪名称_____　　标尺分度值_____
量仪测量范围_____　标尺示值范围_____
2. 被测工件
被测件名称_____
被测孔的直径尺寸及上、下误差_____mm
调整量仪示值零位所使用量块组中各块量块的尺寸（单位：mm）
_____、_____、_____、_____

3. 测量数据及其处理

| 测量 | 坐标 | 方向 | 仪器读数/mm |
|---|---|---|---|
|  | Y |  |  |
|  |  |  |  |
|  | X |  |  |
|  |  |  |  |
| 计算孔距 |  |  |  |

4. 合格性判断及缘由

|  |
|---|
|  |

# 实训五　用内径指示表测量孔径

## 一、实训目的

1. 了解内径指示表的结构并熟悉其使用方法
2. 掌握用内径指示表进行比较测量的原理

## 二、实训设备

内径指示表

## 三、仪器结构及工作原理

内径指示表是一种用相对测量法测量孔径的常用量仪。通常使用分度值为0.01mm的百分表。它由百分表和表架组成，其结构如图1-15所示。

测量时，活动侧头3和固定测头1分别与被测孔孔壁接触。活动测头3向内移动时，其位移经等臂直角杠杆2，推动挺杆4向上移动，使弹簧8压缩，并推动指示表9的测杆，使它的指针回转。该弹簧的反作用力使活动测头3对孔壁产生测量力。在活动测头的两侧有定心板6，它在两只弹簧7的作用下对称地与孔壁接触。定心板6与孔壁的两个接触点的连线与被测孔的直径线相互垂直，使两个测头位于该孔的直径方向上。量仪附有一组长短不同的固定测头，可根据被测孔的直径大小来选择使用。

用内径指示表测量孔径，是采用相对（比较）测量的方法进行的。根据不同孔径可选用不同的可换测头，故其测量范围可达6～1000mm。内径指示表的分度值为0.01mm。

### 四、测量步骤

（1）根据被测孔径选择一个相应的固定可换测头，安装在量杆的螺纹孔内。

（2）根据孔径选择量块组（大量生产时可用校正环，千分尺），并装在量块附件内。

（3）把内径指示表测头插入量块的量角内（或校正环内，两千分尺之间）。安装时，先放活动测头。使两测量头均与孔壁接触。由于测头在孔的纵截面上也可能如图1-16所示，使其左右摇摆，在摆动中找出顺时针方向折回点；将百分表调零。

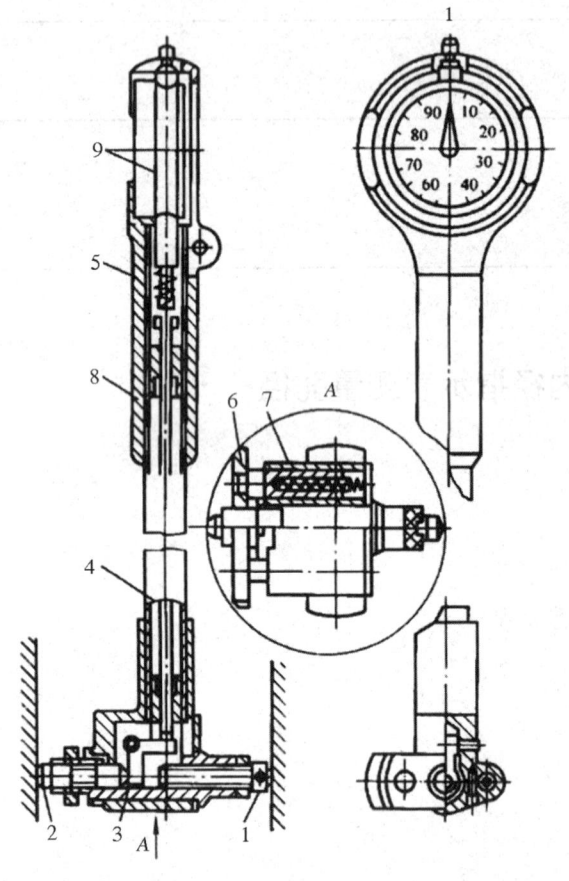

1—固定测头；2—等臂直角杠杆；3—活动测头；4—挺杆；
5—隔热手柄；6—定心板；7—弹簧（两只）；
8—弹簧；9—百分表

图1-15 内径百分表

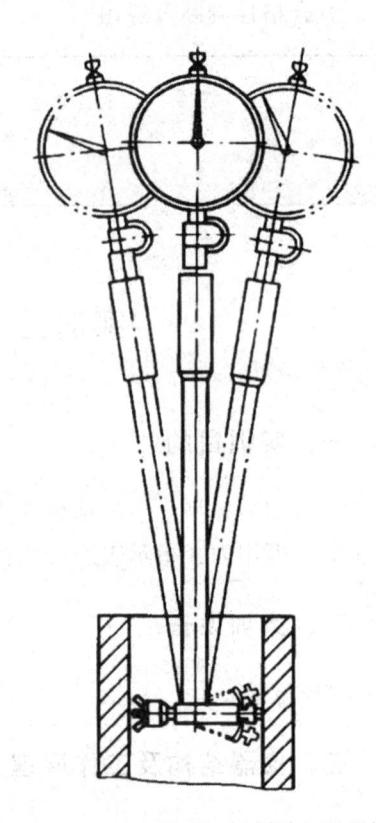

图1-16 内径指示表测量孔径示意

（4）将调好的内径指示表放入被测孔内，并左右摇摆，读取最小值。此值即为实际孔径与基本尺寸的误差。

（5）在孔深的上、中、下三个截面内互相垂直的两个方向上进行测量，并作出实验结论。

## 五、数据处理及结论

1. 量仪名称及规格

量仪名称_____  指示表分度值_____

量仪测量范围_____

2. 被测工件

被测件名称_____

被测孔的直径尺寸及上、下误差_____mm

调整量仪示值零位所使用量块组中各块量块的尺寸（单位：mm）

_____、_____、_____、_____

3. 测量数据及其处理

| 测量部位简图 | 截面 | 方向 | 指示表示值/μm | 实际尺寸/mm |
|---|---|---|---|---|
|  |  |  |  |  |
|  |  |  |  |  |
|  |  |  |  |  |
|  |  |  |  |  |
|  |  |  |  |  |
|  |  |  |  |  |

4. 合格性判断及缘由

# 第二章 角度的测量

## 实训六  用万能角度尺测量工件角度

### 一、实训目的

1. 掌握万能角度尺的结构及具体应用
2. 掌握万能角度尺测量角度的方法

### 二、实训设备

万能角度尺

### 三、仪器结构及工作原理

万能角度尺测量工件角度属直接测量法,其特点是:测量简单方便,适合于生产现场的测量,一般用于角度公差值大于 12′ 的工件角度的测量。

万能角度尺(又称游标角度规)是测量角度的通用工具,它可以直接测量出被测角度的数值,其读数原理与游标卡尺相同。其实际中常用游标的分度值为 2′。利用基尺、角尺、直尺的不同组合,可进行 0°~320° 范围内任意角度的测量。具体如图 2-1 所示。

### 四、测量步骤

(1) 将被测工件擦净,平放在平板上。如工件小可用手握。
(2) 根据被测角度的大小,按图 2-1 所示的四种状态之一使用万能角度尺。
(3) 松开万能角度尺的制动头,使角度规的两边与被测角度的两边贴近,目测应无间隙,然后锁紧制动头,即可读数。
(4) 根据被测角度的极限误差判断角度的合格性。
(5) 填写实训报告如下。

第二章 角度的测量

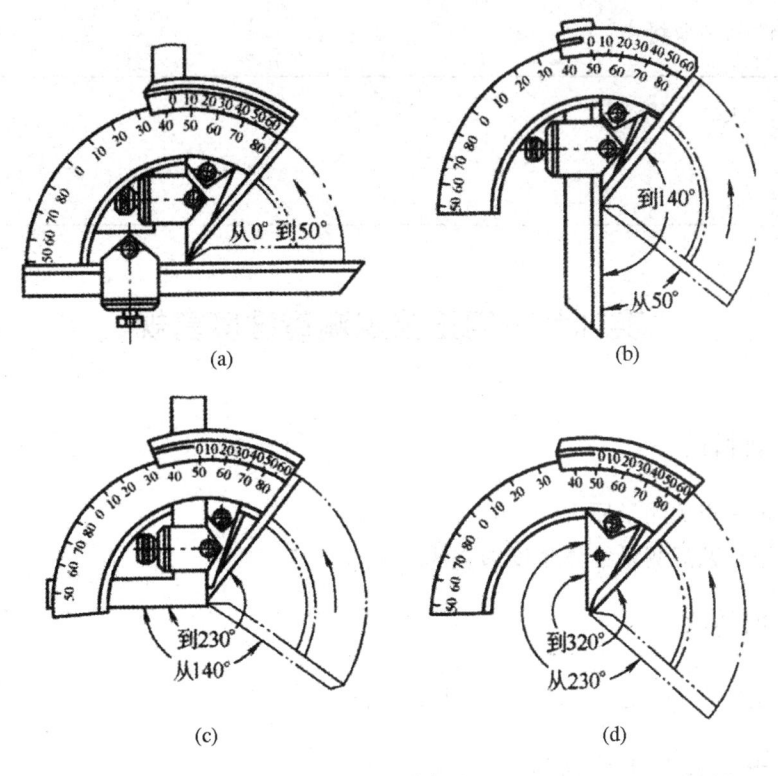

(a) 从0°到50°
(b) 到140° 从50°
(c) 到230° 从140°
(d) 到320° 从230°

图 2-1 万能角度尺

## 五、数据处理及结论

1. 量仪名称及规格

量仪名称_____ 指示表分度值_____

量仪测量范围_____

2. 被测工件

被测件名称_____

被测孔的直径尺寸及上、下误差_____ mm

3. 测量数据及其处理

| 被测零件简图 | | |
|---|---|---|
| 被测角代号 | 被测角及公差 | 测得值/′ |
| $\alpha_1$ | | |
| $\alpha_2$ | | |
| $\alpha_3$ | | |
| $\alpha_4$ | | |
| $\alpha_5$ | | |
| $\alpha_6$ | | |

4. 合格性判断及缘由

## 实训七　用正弦规测量锥度塞规

### 一、实训目的

1. 掌握正弦规的测量原理
2. 掌握用正弦规测量锥体角度的方法

### 二、实训设备

平板、正弦规、量块、千分表及表架、钢板尺

### 三、仪器结构及工作原理

用正弦规测量锥体塞规的锥度或锥角误差，属于角度的间接测量法，其测量精度高，但测量较为烦琐。常用于测量工件角度公差值大于 30″ 的工件。

1. 正弦规结构

正弦规的外形如图 2-2 所示。由 T 形基体与两等径的圆柱组成。它的顶面为工作面，与两圆柱素线的公切面相平行。正弦规的圆柱中心距工作面的平面度精度，以及两个圆柱之间的互相位置精度都很高，可作精密测量。正弦规的工作面宽度有宽型和窄型两种；圆柱中心距有两种规格：100mm 和 200mm。

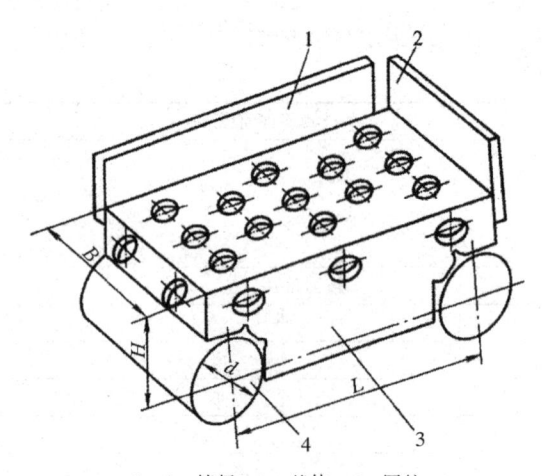

1, 2—挡板；3—基体；4—圆柱

图 2-2　正弦规外形

2. 测量原理

正弦规间接测量角度，是利用正弦规与平板间的直角三角形的正弦函数关系，通过测量零件的线值再换算出角度值。测量示意图如图 2-3 所示。其中，$2\alpha$、$K$、$H$ 三者之间的关系为

$$\sin 2\alpha = \frac{H}{L} \quad \text{或} \quad H = L \times \sin 2\alpha$$

式中：$H$ 为量块组合尺寸；$L$ 为正弦规两圆柱的中心距；$2\alpha$ 为圆锥塞规的圆锥角。

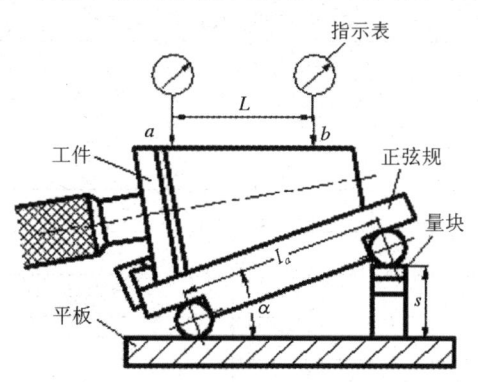

图 2-3 正弦规测量锥角

测量时，将锥体塞规置于正弦规上，用指示表测量锥体素线相距 $L$ 的 $a$、$b$ 两点。若塞规的实际圆锥角为 $2\alpha$，即圆锥角误差为 0，则 $a$、$b$ 两点读数相同，反之若有锥角误差，则 $a$、$b$ 两点读数不同，其圆锥角误差与 $a$、$b$ 两点读数差之间关系为

$$\Delta 2\alpha = \frac{M_a}{M_b} \times 2 \times 10^5$$

或锥度误差为

$$\Delta C = \frac{M_a - M_b}{L}$$

式中：$M_a$，$M_b$ 分别为 $a$、$b$ 两点的读数；$L$ 为 $a$、$b$ 两点的距离。

## 四、测量步骤

(1) 根据圆锥塞规的锥度或锥角（两者关系为 $k = 2\tan\alpha$）及正弦规的圆柱中心距 $L$ 计算出量块组 $H$ 值，并研合量块组。
(2) 将圆锥塞规固定在正规的工作面上。
(3) 确定 $a$、$b$ 两点位置并用钢板尺量出 $a$、$b$ 两点的距离 $L$。
(4) 用千分表测量 $a$、$b$ 两点的读数值 $M_a$、$M_b$，重复三次，取其平均值。
(5) 根据测量数据，计算圆锥角（或锥度）误差。
(6) 作出结论。

## 五、数据处理及结论

1. 量仪名称及规格

量仪名称_____ 量仪型号_____

指示表分度值_____　　指示表测量范围_____
所用量块等级_____　　量块组合尺寸_____

2. 被测工件

被测件名称_____

被测工件的公称锥角_____　　锥角公差_____

3. 测量数据及其处理

| 测量简图 | | | |
|---|---|---|---|
| 测量位置 | a | b | a, b 两点距离 L/mm |
| 第一次读数 | | | |
| 第二次读数 | | | |
| $\Delta C_1$ | | | |
| $\Delta C_2$ | | | |
| $\Delta C_3$ | | | |

4. 合格性判断及缘由

# 实训八　用光学分度头测量花键轴

## 一、实训目的

1. 了解光学分度头的结构及工作原理
2. 掌握光学分度头的使用方法

## 二、实训设备

光学分度头，指示表及其支架。

## 三、仪器的结构及工作原理

用光学分度头进行角度测量，属于角度的直接测量，其特点是测量精度高，并能进行

## 第二章 角度的测量

任何角度的测量，对花键的各个键槽进行角度测量就是使用该仪器进行角度测量的实际应用。

1. 仪器结构

光学分度头与尾架顶尖、底座联合在一起使用，如图2-4所示。

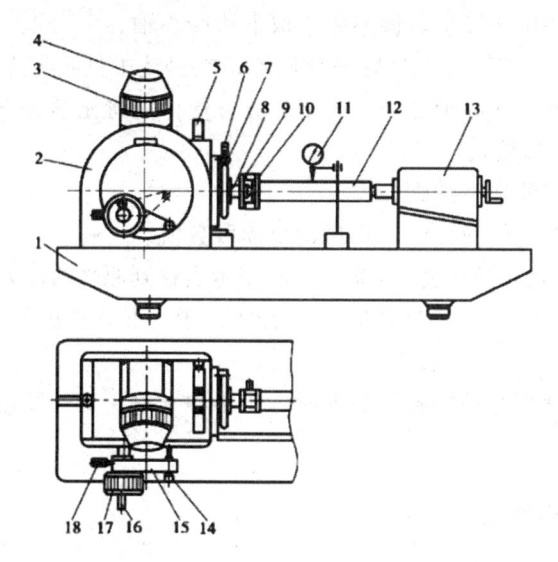

1—底座；2—分度头；3—测微读数手轮；4—投影屏；5—光源；6—主轴锁紧手柄；7—手柄6的定位销；
8—主轴及顶尖；9—拨叉；10—被测工件端部夹头；11—指示表及表架；12—被测工件；13—尾座；
14—定位销；15—主轴与蜗轮副离合手柄；16—主轴回转手柄；17—主轴微转手轮；18—螺钉

图2-4 光学分度头结构

旋转手柄16通过蜗杆、涡轮可使分度头2回转，手柄6用以固紧主轴（主轴旋转时应将手柄6松开）。主轴的旋转度数可在刻度盘上读出，光学分度头主轴可相对其水平位置作90°范围内旋转，角度由壳体上测微读数手轮3读出。

光学分度头可以在固定心轴上载任何角内进行分内进行分度，检验以及加工。由于光学分度头的读数机构与旋转机构无关，故读数的精度与旋转机的磨损无关。

2. 光学分度头的读数

固定在光学分度头2上的玻璃环形刻度盘，盘上刻360°，每格分度值为1°的主刻度。光线通过棱镜把刻度盘成像在游标分划板上。游标分划板上刻有12格0~2′的刻线，其分度值为10″，最后分划板上刻有30条线的精密尺（0~60′），后格分度值为2′，分划板上还刻有一对短粗双线，转动螺丝，可使分划板上下滑动，从而使主刻度套在双线之间。这时，目镜看到的视野如图2-5所示。

用两个螺钉将尾座固定在底座上，尾架的底座上装有定向键，保证分度头的顶尖与尾架顶尖的中心线在一条直线上，尾架顶尖座的结构保证顶尖能在互相垂直的

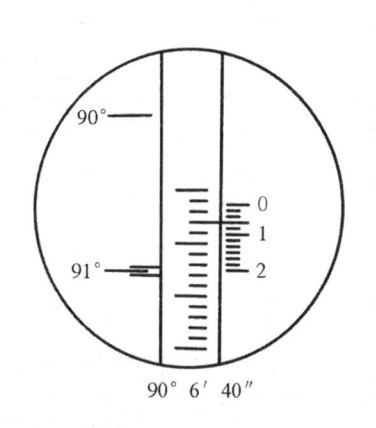

图2-5 读数

平面上进行调整。

## 四、测量步骤

(1) 将检验心轴装在两顶尖之间，装上指示表。在水平和垂直面上调整分度头顶尖与尾架顶尖，使其在一条中心线上，调整完毕取下检验心轴。

(2) 接通电源，注意用 220/6V 降压变压器，在目镜中见到亮光。

(3) 将被测花键安装在心轴之间，为了计算方便，先将光学分度头调整到 0°0′0″（若不为 0°0′0″时，可记下读数）。

(4) 旋转目镜头，使视野清晰。

(5) 使指示表与花键侧面接触，从目镜中读取数值。

(6) 移开指示表，使花键转过一个齿，再将指示表移到原来的位置，使指示表值仍为零，在目镜中读出转过的角度，这一角度就是相邻齿槽的距离，依次类推测得花键等分性误差。

(7) 作出结论。

注意：将心轴和被测花键装夹或卸下时，要小心，以免工件跌落，损坏光学分度头的床身。

## 五、数据处理及结论

1. 量仪名称及规格

量仪名称_____ 指示表分度值_____

量仪测量范围_____

2. 被测工件

被测件名称_____

被测孔的直径尺寸及上、下误差_____mm

3. 测量数据及其处理

| 序号 | 角度/° | 测得值 | 误差值 | 实际角度值 |
|---|---|---|---|---|
| 1 | 0 | | | |
| 2 | 30 | | | |
| 3 | 60 | | | |
| 4 | 90 | | | |
| 5 | 120 | | | |
| 6 | 150 | | | |
| 7 | 180 | | | |
| 8 | 210 | | | |
| 9 | 240 | | | |
| 10 | 270 | | | |
| 11 | 300 | | | |
| 12 | 330 | | | |

4. 合格性判断及缘由

## 实训九  刀具的综合检测

### 一、实训目的

1. 掌握刀具检测仪的测量原理和数据处理方法
2. 了解表刀具检测仪的基本结构
3. 会利用刀具检测仪测量各种刀具角度

### 二、实训设备

刀具检测仪

### 三、仪器结构和测量原理

1. 仪器结构

仪器结构如图 2-6 所示。

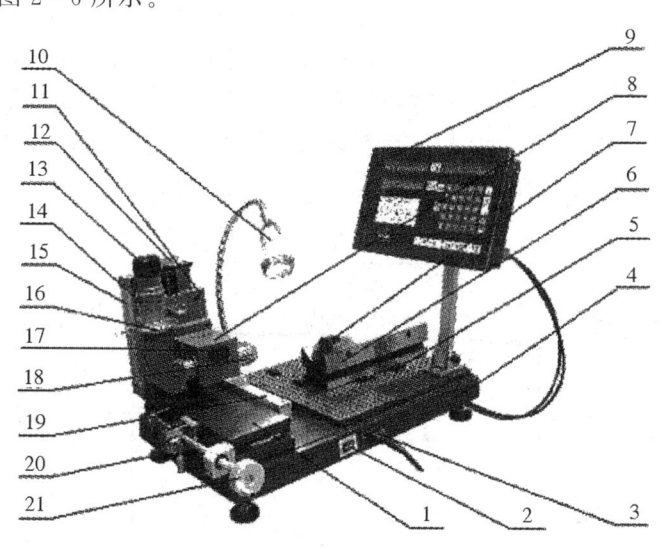

1—X向滑板；2—开关；3—灯电源插座；4—底座；5—靠山；6—V型块；7—被测件；8—显微镜座；9—数显箱；
10—照明灯光；11—Z向滑板；12—Z向移动手轮；13—目镜；14—显微镜；15—Z向传感器；16—显微镜度；
17—调焦手轮；18—物镜；19—X向传感器；20—底脚；21—X向移动手轮

**图 2-6  CX11 刀具检测仪**

## 2. 测量原理

仪器结构主要有底座、显微镜、数显箱及七种 V 形块组成。显微镜由物镜、目镜、分划板和度盘组成,其中度盘与分划板联动并且当度盘的"0"线与度盘游标的"0"线对齐时,分划板中的"十"字线分别与工作台平行与垂直,此时显微镜处于正常工作状态。这在仪器出厂时已经调好。如果度盘游标走动,使用前只需将度盘后下方的零位调节头朝上扳。逆时针转动度盘游标(度盘游标后方有一定位螺钉),当螺钉与零位调节头接触,锁紧度盘游标,再将度盘的"0"线转至与度盘游标的"0"线对齐,分划板"十"字线就处于"0"位状态。显微镜即可正常工作。

显微镜通过导轨可作横、纵向移动和纵向调焦。V 形块有七种,是用来放置被测件的。V 形块可根据被测件外径的大小选择使用或组合叠加使用。横、纵向导轨的侧面装有精密的光栅传感器,通过与数显箱的连接可直接显示测量数据。底座前方近 2/3 的面积为工作平台,工作台的前方和右方分别装有横向靠山和纵向靠山,根据不同的检测要求,V 形块可与靠山靠牢,使被测件处在与显微镜平行或垂直状态。仪器还配有三种莫氏锥套和一个千分表架。

本仪器是基于坐标测量的原理,是以显微镜瞄准并扫描被测件,通过光栅传感器及数显箱显示数值的方式进行长度测量;转动与显微镜分划板联动的度盘,通过观察度盘与度盘游标的相对位置进行角度测量。

## 四、测量步骤

(1) 将被测件安放在 V 形块上(V 形块有七种,可以根据被测件不同的外径选用 V 形块组合使用),根据具体的检测要求,V 形块可与工作台上的水平靠山或垂直靠山靠牢并用压板压紧或置于任意位置。

(2) 显微镜作 X 方向(左右)和 Z 方向(垂直)移动,Y 方向作前后调焦,将被测件的被测部分成像在显微镜中的分划板上,通过分划板上十字线其中一条线的一边(通常测量高度时选用水平线,测量宽度时选用垂直线)瞄准被测件的起始特征点或线。

(3) 将数显置"0",经显微镜扫描移至被测件的另一特征点或线,数显箱显示的数值即为被测件的长度测量值,如图 2-7 所示。

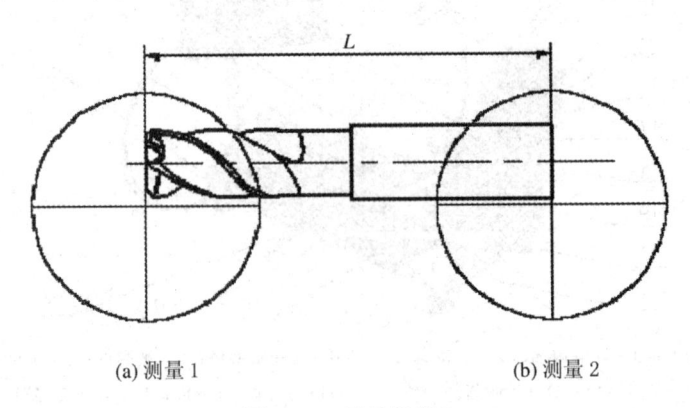

(a) 测量1　　　　　　　　(b) 测量2

图 2-7　测量长度 $L$

# 第二章 角度的测量

(4) 分划板上还刻有一组不同直径的圆,如被测件的直径与分划板上某一圆相对应时,可直接套检。

(5) 通过分划板上十字中心点瞄准被测件某线条(此条线为被测角度的特征线)上的一点,顺时针转动度盘,此时分划板与度盘同步转动,而度盘游标不动,当分划板十字线的某一线(具体选用那条线根据测量方便由测量者自己决定)与被测线条重叠时,观察度盘及度盘游标,可直接获得角度的测量值,如图 2-9 所示。

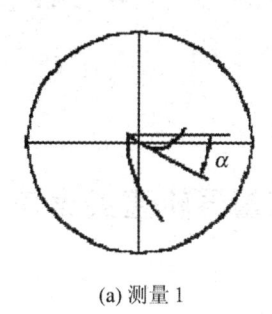

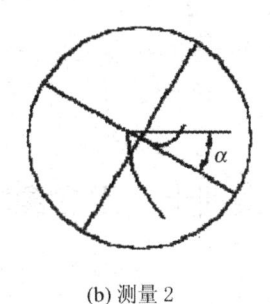

(a) 测量 1　　　　　　(b) 测量 2

图 2-8　测量角度

(6) 如被测刀具的刀柄带有锥度,可通过本仪器配备的三种莫氏锥套进行配套测量。

## 五、数据处理及结论

1. 量仪名称及规格
量仪名称_____　指示表分度值_____
量仪测量范围_____
2. 被测工件
被测件名称_____
被测工件的角度及上、下误差_____ mm
3. 测量数据及其处理

| 测量部位简图 | | | | |
|---|---|---|---|---|
| 序号 | 角度 | 测得值 | 误差值 | 实际角度值 |
|  |  |  |  |  |

4. 合格性判断及缘由

# 第三章 形位测量

## 实训十 用合像水平仪测量导轨直线误差

### 一、实训目的

1. 了解合像水平仪的工作原理及结构
2. 掌握合像水平仪进行直线度测量的方法
3. 掌握用最小区域法，两端点连线评定直线误差

### 二、实训设备

水平仪桥板

### 三、仪器结构及其工作原理

机床、仪器导轨或其他窄而长的平面，为了控制其直线度误差，常在给定平面（垂直平面、水平平面）内进行检测。常用的计量器具有框式水平仪、合像水平仪、电子水平仪和自准直仪等。使用这类器具的共同特点是测定微小角度变化。由于被测表面存在着直线度误差，当计量器具置于不同的被测部位上时，其倾斜角度就要发生相应的变化。如果节距（相邻两测点的距离）一经确定，这个变化的微小倾角与被测相邻两点的高低差就有确切的对应关系。通过对逐个节距的测量，得出变化的角度，用作图或计算，即可求出被测表面的直线度误差。由于合像水平仪的测量准确度高、测量范围大、测量效率高、价格便宜、携带方便等优点，故在检测工作中得到了广泛的采用。

合像水平仪的结构如图 3-1（a）、（d）所示，它由底板 1 和壳体 4 组成外壳基体，其内部则由杠杆 2、水准器 8、两个棱镜 7、微分筒 9、螺杆 10、放大镜 11 以及放大镜 6 所组成。使用时将合像水平仪放于桥板（图 3-1（a））上相对不动，再将桥板放于被测表面上。如果被测表面无直线度误差，并与自然水平基准平行，则此时水准器的气泡则位于两棱镜的中间位置，气泡边缘通过合像棱镜 7 所产生的影象，在放大镜 6 中观察将出现如图 3-19（b）所示的情况。但在实际测量中，由于被测表面安放位置不理想和被测表面本身不直，导致气泡移动，其视场情况将如图 3-1（c）所示。此时可转动测

微螺杆 10，使水准器转动一角度，从而使气泡返回棱镜组 7 的中间位置，则图 3-1（c）中两影像的错移量 Δ 消失而恢复成一个光滑的半圆头（图 3-1（b））。测微螺杆移动量 $S$ 导致水准器的转角 $\alpha$（图 3-1（d））与被测表面相邻两点的高低差 $h$ 有确切的对应关系，即

$$h = 0.01 L \alpha \quad (\mu m)$$

式中：0.01 为合像水平仪的分度值，mm/m；$L$ 为桥板节距，mm；$\alpha$ 为角度读数值（用格数来计数）。

如此逐点测量，就可得到相应的值，为了阐述直线度误差的评定方法，后面将用实例加以叙述。

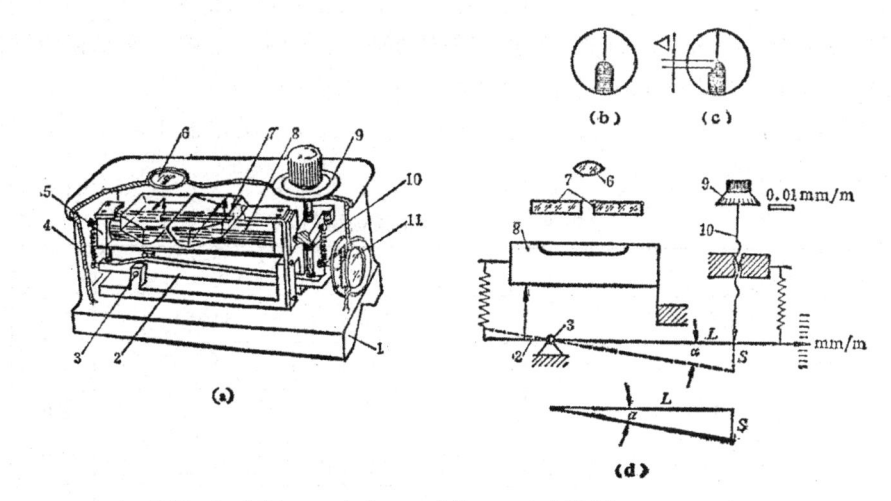

1—底板；2—杠杆；3—支座；4—壳体；5—水准器支架；6，11—放大器；
7—两个棱镜；8—水准器；9—微分筒；10—螺杆
图 3-1  合像水平仪结构

## 四、测量步骤

（1）量出被测表面总长，确定相邻两点之间的距离（节距），按节距 $L$ 调整桥板的两圆柱中心距，如图 3-1 所示。

（2）将合像水平仪放于桥板上，然后将桥板依次放在各节距的位置。每放一个节距后，要旋转微分筒 9 合像，使放大镜中出现如图 3-1（b）所示的情况，此时即可进行读数。先在放大镜 11 处读数，它是反映螺杆 10 的旋转圈数；微分筒 9（标有 ＋、－ 旋转方向）的读数则是螺杆 10 旋转一圈（100 格）的细分读数；如此顺测（从首点至终点）、回测（由终点至首点）各一次。回测时桥板不能调头，各测点两次读数的平均值作为该点的测量数据。必须注意，如某测点两次读数相差较大，说明测量情况不正常，应检查原因并加以消除后重测。

（3）为了作图的方便，最好将各测点的读数平均值同减一个数而得出相对差（见后面的例题）。

（4）根据各测点的相对差，在坐标纸上取点。作图时不要漏掉首点（零点），同时后

一测点的坐标位置是以前一点为基准的，根据相邻差数取点的。然后连接各点，得出误差折线。

（5）用两条平行直线包容误差折线，其中一条直线必须与误差折线两个最高（最低）点相切，在两切点之间，应有一个最低（最高）点与另一条平行直线相切。这两条平行直线之间的区域才是最小包容区域。从平行于坐标方向画出这两条平行直线间的距离，此距离就是被测表面的直线度误差值 $f$（格）。

将误差值 $f$（格）按下式折算成线性值 $f$（微米），并按国家标准 GB1184—80 评定被测表面直线度的公差等级。

$$f（微米）=0.01Lf（格）$$

例如，用合像水平仪测量一窄长平面的直线度误差，仪器的分度值为 $0.01mm/m$，选用的桥板节距 $L=200mm$，测量直线度记录数据见表 3-1。若被测平面直线度的公差等级为 5 级，试用作图法评定该平面的直线度误差是否合格，作图如 3-2 所示。

按国家标准 GB1184—1996，直线度 5 级公差为 $25\mu m$。误差值小于公差值，所以被测工件直线度误差合格。

表 3-1 直线度记录数据

| 测点序号 $i$ | | 0 | 1 | 2 | 3 | 4 | 5 | 6 | 7 | 8 |
|---|---|---|---|---|---|---|---|---|---|---|
| 仪器读数 $a_i$（格） | 顺测 | — | 298 | 300 | 290 | 301 | 302 | 306 | 299 | 296 |
| | 回测 | — | 296 | 298 | 288 | 299 | 300 | 306 | 297 | 296 |
| | 平均 | — | 297 | 299 | 289 | 300 | 301 | 306 | 298 | 296 |
| 相对差（格）Δ= | | 0 | 0 | +2 | −8 | +3 | +4 | +9 | +1 | −1 |
| 积累值（格） | | 0 | 0 | +2 | −6 | −3 | +1 | +10 | +11 | +10 |

注：(1) 表列读数，百分数是从图 3-1 的 11 处读得，十位数是从图 3-1 的 9 处读得。
(2) a 值可取任意数，但要有利于相对差数字的简化，本例取 a=297 格。

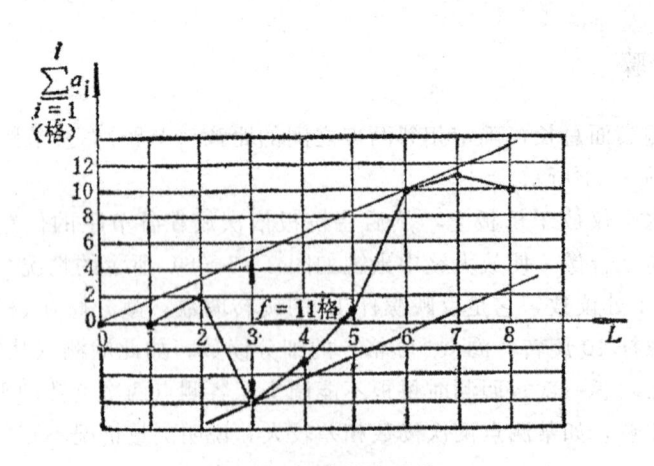

图 3-2 直线度误差

$$f=0.01\times200\times11=22\mu m$$

## 五、数据处理及结论

1. 量仪名称及规格

量仪名称_____ 指示表分度值 $\tau$ _____

量仪测量范围_____

2. 被测工件

被测件名称_____

被测表面直线度公差_____ $\mu$m,桥板跨距_____ mm

测点示值由格数 $\Delta_i$ 换算成线性值 $h_i$ 的计算公式:$h_i = \tau \Delta_i L$

3. 测量数据及其处理

| 测点序号 | 0 | 1 | 2 | 3 | 4 |
|---|---|---|---|---|---|
| 第一次相对读数 | | | | | |
| 第二次相对读数 | | | | | |
| 平均相对读数 | | | | | |
| 累积值/格 | | | | | |

作图计算

| 直线度误差 | $f=$ $\mu$m |
|---|---|

4. 合格性判断及缘由

# 实训十一 用自准直仪测量直线度误差

## 一、实训目的

1. 了解自准直仪的结构原理
2. 掌握自准直仪测量直线度误差的测量方法
3. 熟悉直线度误差的评定方法

## 二、实训设备

自准直仪、导轨、支座、垫铁

## 三、仪器结构

自准直仪的结构如图3-3所示,它主要由仪器本体及反射镜座两部分组成。仪器本体包括一个平行光管及一读数目镜,其光学系统结构如图3-4所示。

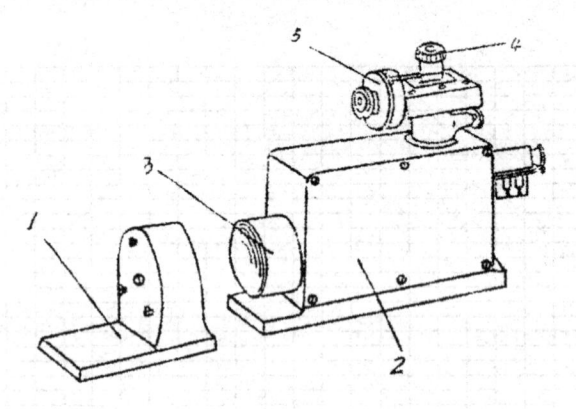

1—灯头;2—基座支架;3—物镜;4—目镜;5—光电头

图3-3 自准直仪结构

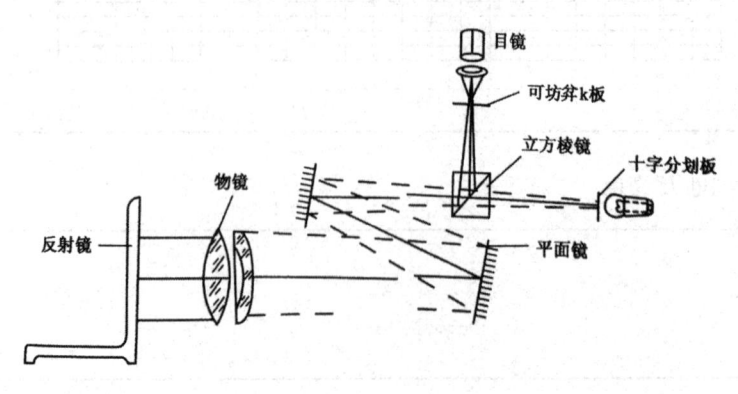

图3-4 自准直仪光学系统

## 四、测量步骤

（1）将仪器本体及反射镜放在等高的支座或垫铁上。

（2）在整个测量过程中，仪器本体保持固定不变，并将其固定地放置在导轨一端或导轨外稳定的底座上（须与反射镜支座同在一平面上且保持他们之间钢性联结）。

（3）移动反射镜支座，使它尽量接近自准直仪本体并使读数目镜微分螺丝平行于光轴，转动反射镜使十字分划板像出现在目镜视场中心（调节反射镜）时，须先松开其余两个螺丝，如图3-5所示。

（4）移动反射镜支座离开自准直仪本体放在导轨的另一端，先拿掉反射镜，用眼观察自准直仪物镜直到十字分划板出现在物镜中心，然后安放反射镜，此时物镜中心和反射镜中心的连线一定平行于导轨。否则，须再适当的转动自准直仪本体或反射镜。

（5）调整后，反射镜及自准直仪本体位置不允许发生改变，在目镜视场中尽可能精确放置黑线条在十字分划板中间，如图3-5（a）所示，小数部分在微分筒上读取。

（6）反射镜支座向着自准直仪移动（注意：在移动的过程中反射镜与支座之间不能有任何相对移动）。

（7）在反射镜移动后的位置上调解微分筒，再使黑线条放在十字划分板像的中间，读取第二个读数，如3-5（b）所示。

（8）再次移动反射镜支座，再次读数，连续进行直至反射镜到达离自准直仪最近的位置为止，然后再向相反的方向移动，重复上述的测量过程。

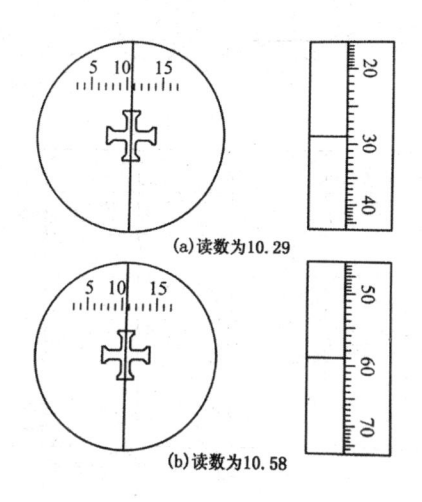

图3-5 目镜视场

（9）数据处理。

①当反射镜支座为200mm时，支座一端升高0.01mm，相当于十字分划板的位移为微分筒的1个刻度值。

②计算反射镜来回移动的全部测量过程，取相对应出位置上的平均值。

③从每一位置读数平均汇总减去算术平均值，就得到减后读数，该读数有正负号。

④然后将每一位置减后读数加上第二个减后读数以及第三、第四、……一直到最后一

个减后读数,便可以得到一组各个位置新的读数,即导轨新的轮廓。

例,测量位置以仪器为起点,反射镜支座 200mm,具体如表 3-2 所示。

表 3-2 测量位置以仪器为起点,反射镜支座 200mm 的读数

| 测量位置/mm | 0~200 | 200~400 | 400~600 | 600~800 | 800~1000 | 1000~1200 | 1200~1400 |
|---|---|---|---|---|---|---|---|
| 正向读数/格 | 81.1 | 84 | 85.5 | 83.5 | 86.5 | 85 | 88.2 |
| 反向读数/格 | 81.3 | 84.2 | 85.5 | 83.0 | 86.0 | 85 | 88.2 |
| 读数平均/格 | 1.2 | 4.1 | 5.5 | 3.1 | 6.1 | 5.1 | 8 |
| 算术平均值/格 | 33.1/7=4.73≈4.7 | | | | | | |
| 减后读数/格 | -3.5 | -0.6 | +0.8 | -1.6 | +1.4 | +0.4 | +3.3 |
| 总和/格 | -3.5 | -4.1 | -3.3 | -4.9 | -3.5 | -3.1 | +0.2 |
| 导轨最大误差 | -4.9μm | | | | | | |

## 五、数据处理及结论

1. 量仪名称及规格

量仪名称_____ 指示表分度值 $\tau$ _____

量仪测量范围_____

2. 被测工件

被测件名称_____

被测表面直线度公差（μm）_____

桥板跨距_____ mm

3. 测量数据及其处理

| 次序 | 测量点 | 0 | 1 | 2 | 3 | 4 | 5 | 6 | 7 |
|---|---|---|---|---|---|---|---|---|---|
| 1 | 正向读数 | | | | | | | | |
| 2 | 反向读数 | | | | | | | | |
| 3 | 平均值 | | | | | | | | |
| 4 | 平均值各点与0点之差 | | | | | | | | |
| 5 | 累积值 | | | | | | | | |
| 数据处理 | | | | | | | | | |
| 直线度误差 | | | | | | | | | |

4. 合格性判断及缘由

# 实训十二　用指示表和平板检测平面度误差

## 一、实训目的

1. 了解平面度误差的测量原理及千分表的使用方法
2. 掌握平面度误差的评定方法及数据处理

## 二、实训设备

千分表、平板、磁性表座

## 三、仪器工作原理

平面度公差用于限制平面的形状误差。其公差带是距离为公差值的两平行平面之间的区域。理想形状的位置应符合最小条件，常见的平面度测量方法有指示表测量、光学平晶测量平面度、水平仪测量平面度及用自准仪和反射镜测量平面度误差。

用各种不同的方法测得的平面度测值，应进行数据处理，然后按一定的评定准则处理结果。平面度误差的评定方法有以下几种。

1. 最小包容区域法

由两平行平面包容实际被测要素时，实现至少四点或三点接触，且具有下列形式之一者，即为最小包容区域，其平面度误差值最小。最小包容区域的判别方法有下列三种形式。

(1) 两平行平面包容被测表面时，被测表面上有3个最低点（或3个最高点）及1个最高点（或1个最低点）分别与两包容平面接触，并且最高点（或最低点）能投影到3个最低点（或3个最高点）之间，则这两个平行平面符合最小包容区原则，见图3-6 (a) 所示。

(2) 被测表面上有2个最高点和2个最低点分别与两个平行的包容面相接触，并且2个最高点投影于2个低点连线的两侧。则两个平行平面符合平面度最小包容区原则，见图3-6 (b) 所示。

(3) 被测表面的同一截面内有2个最高点及1个低点（或相反）分别和两个平行的包容面相接触，则该两平行平面符合平面度最小包容区原则，如图3-6 (c) 所示。

三角形法是以通过被测表面上相距最远且不在一条直线上的3个点建立一个基准平面，各测点对此平面的误差中最大值与最小值的绝对值之和为平面度误差。实测时，可以在被测表面上找到3个等高点，并且调到零。在被测表面上按布点测量，与三角形基准平面相距最远的最高点和最低点间的距离为平面度误差值。

2. 对角线法

通过被测表面的一条对角线作另一条对角线的平行平面，该平面即为基准平面。偏离此平面的最大值和最小值的绝对值之和为平面度误差。

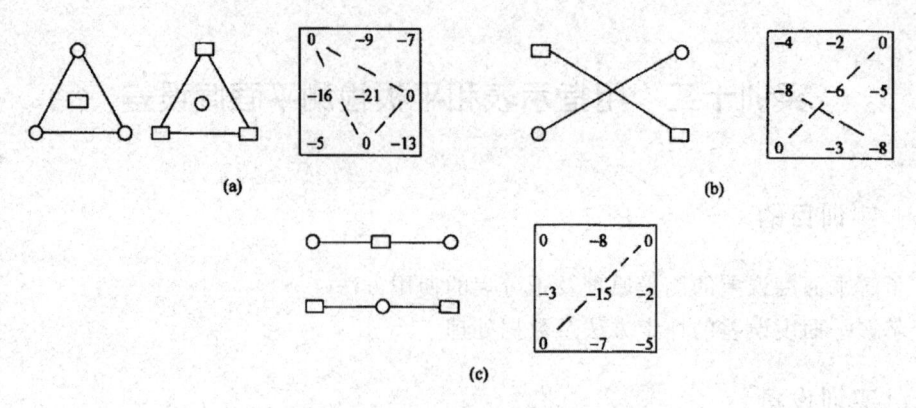

图 3-6　平面度误差的最小区域判别法

## 四、测量步骤

（1）检测时，将被测零件放在平板上，带千分表的测量架放在平板上，并使千分表测量头垂直地指向被测零件表面，压表并调整表盘，使指针指在零位。

（2）如图 3-7 所示，将被测平板沿纵横方向均匀画好网格，四周离边缘 10mm，其画线的交点为测量的 9 个点。同时记录各点的读数值。全部被测点的测量值取得后，按对角线法求出平面度误差值。

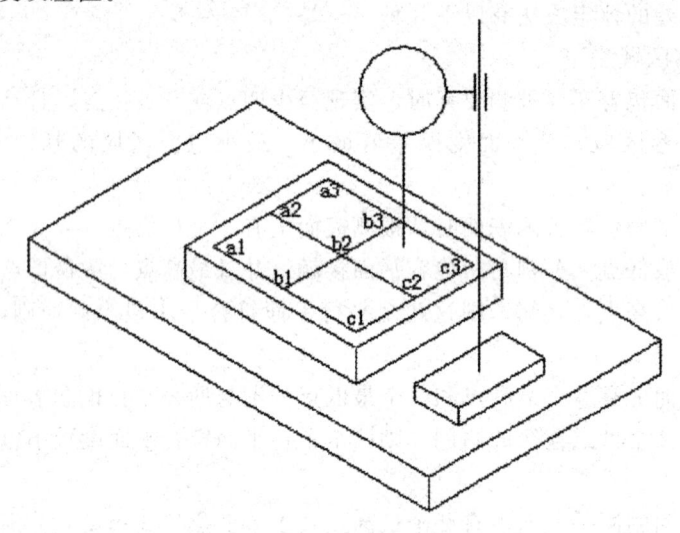

图 3-7　对角线法求误差值

（3）数据处理的方法有多种，有计算法、作图法等。下面介绍用对角线法求取平面度误差值的方法，如表 3-3 所示。

表 3-2　读数值

| $a_1$ | $a_2$ | $a_3$ |
|---|---|---|
| $b_1$ | $b_2$ | $b_3$ |
| $c_1$ | $c_2$ | $c_3$ |

①令表 3-3 中的 $a_1-c_1$ 为旋转轴，旋转量为 $P$。则有表 3-3。

表 3-4　$P$ 旋转变换数值

| $a_1$ | $a_2+2P$ | $a_3+2P$ |
|---|---|---|
| $b_1$ | $b_2+P$ | $b_3+2P$ |
| $c_1$ | $c_2+P$ | $c_3+2P$ |

②令表 3-4 中的 $a_1-a_3+2P$ 为旋转确，旋转量为 $Q$，则有表 3-5。

表 3-5　$Q$ 旋转变换数值

| $a_1$ | $a_2+2P$ | $a_3+2P$ |
|---|---|---|
| $b_1$ | $b_2+P+Q$ | $b_3+2P+Q$ |
| $c_1$ | $c_2+P+2Q$ | $c_3+2P+2Q$ |

③按对角线上两个值相等列出下列方程，求旋转量 $P$ 和 $Q$

$$a_1=c_3+2P+2Q$$
$$a_3+2P=c_1+2Q$$

把求出的 $P$ 和 $Q$ 代入图 3-9 中。按最大最小读数值之差来确定被测表面的平面度误差值。

（4）利用千分表按图 3-7 所示的布线方式测得 9 点，其读数表 3-6（a）所示。用对角线法确定平面度误差。

表 3-6（a）　读数值

| 0 | $-6$ | $-16$ |
|---|---|---|
| $-7$ | $+3$ | $-7$ |
| $-10$ | $+12$ | $+4$ |

表 3-6（b）　坐标变换数值

| 0 | $-5.5$ | $-15$ |
|---|---|---|
| $-9.5$ | $+1$ | $-8.5$ |
| $-15$ | $+7.5$ | 0 |

$$0=4+2P+2Q$$
$$-16+2P=-10+2Q$$

解得：
$$P=0.5$$
$$Q=-2.5$$

将各点的旋转量与表 3-6（a）中的对应点的值相加，即得经坐标变换后的各点坐标值。如表 3-6（b）所示，由表 3-6（b）可见 $a_1$ 和 $c_3$ 等高（0）；$c_1$ 和 $a_3$ 等高（$-15$），则平面度误差值为

$$f'=[+7.5-(-15)]\mu m=22.5\ \mu m$$

### 五、数据处理及结论

1. 量仪名称及规格

量仪名称_____ 指示表分度值（μm）_____

基准所用工具_____

2. 被测工件

被测件名称_____

被测零件平面度公差_____ μm

3. 测量数据及其处理

| 测点序号 | $a_1$ | $a_2$ | $a_3$ | $b_1$ | $b_2$ | $b_3$ | $c_1$ | $c_2$ |
|---|---|---|---|---|---|---|---|---|
| 读数/μm | | | | | | | | |
| 测量示意图 | | | | | | | | |
| 作图计算 | | | | | | | | |
| 平面误差 | | | | $f_A = f_{Amax} - f_{Amin} =$ | | | μm | |

4. 合格性判断及缘由

## 实训十三　圆度误差的测量

### 一、实训目的

1. 了解圆度仪的结构
2. 了解圆度仪测量及评定圆度误差的方法

### 二、实训设备

圆度仪

### 三、仪器工作原理

本实训使用转轴式圆度仪，其工作原理如图3-8所示，测量时，工件固定不动，主轴带着传感器和测头一起旋转，量仪主轴绕轴线回转，则仪器测头端点形成的轨迹为一圆。测头与被测工件接触后，随着实际轮廓半径的变化，测头也作径向变动，从而反映被测轮廓的半径变化。

### 四、测量步骤

1. 测量前准备工作

（1）打开气源，预热15分钟。

（2）将被测工件对准工作台的瞄准环，安放并加紧，将其部分锁紧。

2. 工件找正对心

（1）目测找正，首先是传感器测头，目测找正。

（2）使传感器测头接触工件表面，用手转动主轴（小于360°），切忌用力过大，当感到单向拨快碰到被测球时，再向相反方向回转，首先找准X方向俩点，Y方向一点即可。在低档找正后，再升高一档，直到最高档对正（正）到找正表指针范围不能再改善即可。

3. 开动主轴及记录电机，打开笔尖开关，放下记录笔开始记录

传感器在工件表面回转如图3-9送所示，由于零件具有圆度误差，传感器传发生电感量变化，发出电信号，通过放大器在专用的坐标记录纸上，绘出工件轮廓的实际放大图像，如图3-9所示。

图3-8 圆度仪原理

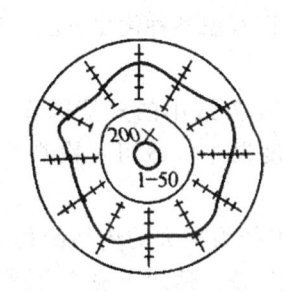

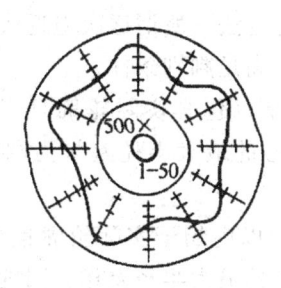

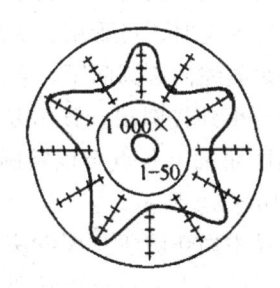

图3-9 圆度误差测量示意图

4. 量取圆度误差

将仪器带的同心圆模板放在轮廓图的圆上，从图3-10可以看出符合"内外交替"四点法则两同心圆的半径R为圆度误差。

即
$$f_0 = R_{max} - R_{min}$$

5. 圆度误差的评定方法

目前有四种圆度误差的评定方法，如图3-10所示。

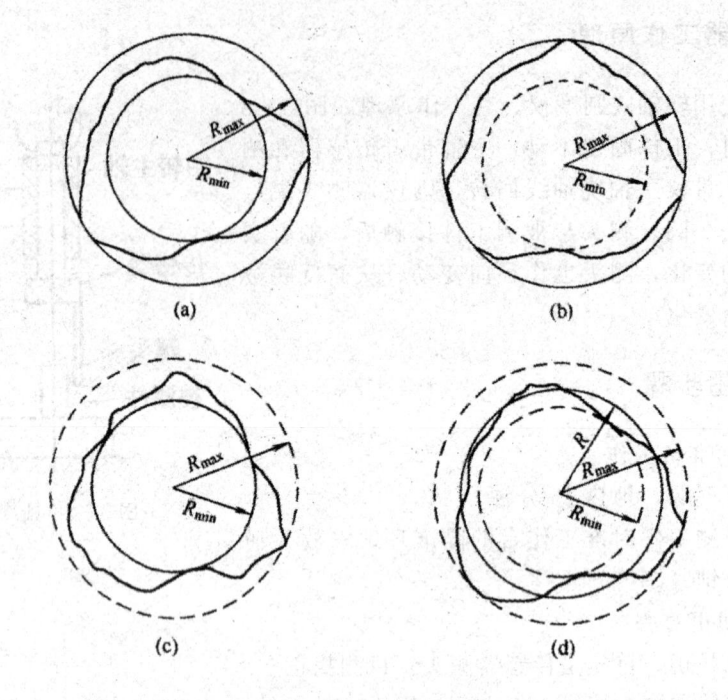

图 3-10　圆度误差评定图

(1) 最小包容区域法。该方法是在测得的轮廓两侧用一对半径差为最小的同心圆包容轮廓曲线，半径差即为圆度误差，如图 3-10 (a) 所示。最小区域圆的判别条件是：外包容圆和内包容圆各有至少两点与轮廓曲线相接触，且接触点内、外交替相间。按该评定方法评定时，可采用模板法和逐次逼近法。模板是一个刻有多个标准同心圆的玻璃板，各同心圆间距相等，该间距所代表的长度由测量时所使用的放大倍数确定。评定时，不断移动模板中两个同心圆所包容误差曲线，再根据两包容圆间的格数求出其圆度误差。当利用计算机进行评定时，可采用逐次逼近法。所谓逐次逼近法即根据某种优化方法，按照特定的方式逐次收缩同心圆间距，直至满足判别条件。

(2) 最小外接圆法。该方法是以包容实际轮廓且半径为最小的外接圆作为评定基准。以实际轮廓上各点至该圆圆心的最大半径差作为圆度误差。适用于检测外圆柱面，如图 3-10 (b) 所示。

(3) 最小内切圆法。该方法是以内切于实际轮廓且半径为最大的内切圆作为评定基准。以实际轮廓上各点至该圆圆心的最大半径差作为圆度误差。适用于检测内圆柱面，如图 3-10 (c) 所示。

(4) 最小二乘圆法。该方法是以被测轮廓的最小二乘圆作为理想圆，其最小二乘圆圆心至轮廓最大距离与最小距离之差作为圆度误差，如图 3-10 (d) 所示。

## 五、数据处理及结论

1. 量仪名称及规格

量仪名称_____　　指示表分度值_____

2. 被测工件

被测件名称_____

圆度公差_____　　量仪测量范围_____

3. 测量数据及其处理

| 测点/° | 0 | 30 | 60 | 90 | 120 | 150 | 180 | 210 | 240 | 270 | 300 | 330 | 360 |
|---|---|---|---|---|---|---|---|---|---|---|---|---|---|
| 读数/μm | | | | | | | | | | | | | |
| 测量记录曲线 | | | | | | | | | | | | | |

4. 合格性判断及缘由

## 实训十四　位置误差的测量

### 一、实训目的

1. 掌握箱体及其他零件平行度误差的测量方法
2. 掌握箱体垂直度误差的测量方法
3. 掌握垂直度误差的处理

### 二、实训设备

大平板、水平仪、V型铁、偏摆仪、百分表（千分表）、磁性表座、厚薄规等

### 三、仪器测量原理

要合理选用百分表和千分表，若公差值≥0.01mm，选用百分表测量，若被测工件的形位公差值<0.01mm，则用千分表检测。

（1）平行度误差测量：平行度误差常用的方法有打表法和水平仪法。这些方法是采用与理想要素比较的检测原则。

（2）垂直度误差测量：常用垂直度测量方法有光隙法（透光法）、打表法、水平仪法、闭合测量法等。本实训以光隙法测量垂直度，用光隙法测量简单快捷，也能保证一定的测量精度。

（3）测量同轴度误差：可用通用测量器具检测，常用的方法有芯轴打表法、双向打表法、壁厚差法，光轴法、径向圆跳动替代法。本次测量是以径向圆跳动替代法测量。

## 四、测量步骤

1. 平行度误差测量

（1）测量前，擦净平板 2 和零件 1，然后按图 3-11 将被测零件 1 的基准面放在平板 2 上，并使被测零件的基准面和平板工作面贴合（最薄的厚薄规不能塞入两面之间）。这样，平板的工作面既是被测零件的模拟基准，又是测量基准，两者重合。

（2）将百分表装入磁性表座 3，测量头放在被测平面上，预压百分表 0.3~0.5mm，并将指示表指针调至零。

（3）沿被测平面多个方向移动磁性表座，此时，被测平面对基准的不平行度由百分表（千分表）直接读出，同时记录所有读数。

（4）所有读数中的最大值和最小值之差即为平行度误差。

（5）作实训报告。

2. 垂直度误差测量

（1）按图 3-12 所示，将被测件的基准平面和检验角尺放在检验平板上，并用塞尺（厚薄规）检查是否接触良好。

（2）移动检验角尺，对着被测表面轻轻接触，观察光隙部位的光隙大小，用厚薄规检查最大光隙值。也可以估计出最大光隙值。

（3）作出实训报告。

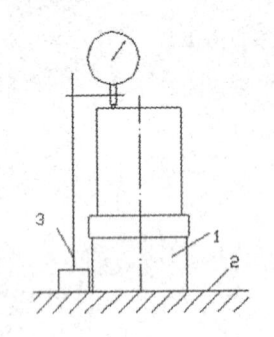

1—零件；2—平板；3—磁性表座
图 3-11 平行度误差测量示意图

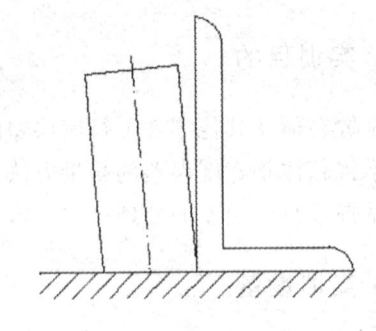

图 3-12 垂直度误差测量示意图

3. 同轴度误差测量

（1）根据图 3-13 中的同轴度要求，用 3 号莫氏塞规，插入被测件的锥孔中（或直接将基准放在 V 型铁上），利用两端中心孔将其装在偏摆仪上，擦净顶尖和中心孔，锁紧偏摆仪的紧定螺钉。此时被测件不能轴向窜动但能转动自如。

（2）将百分表或杠杆百分表装在磁性表座上，把指示表的测量头轻轻放在零件的被测面上，并压表 0.2~0.4mm，然后将指示表

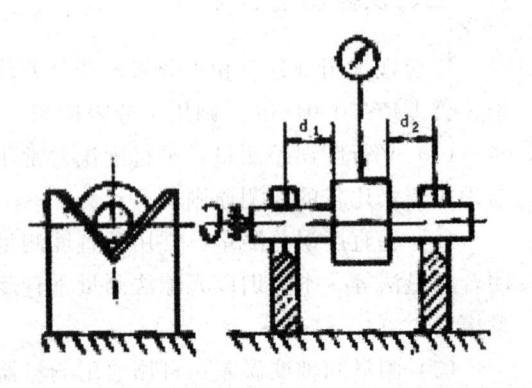

图 3-13 同轴度测量示意图

指针调到零。

(3) 转动被测件，同轴度误差可从指示表中反映出，记录指针摆动的范围。

(4) 将指示表放在不同的被测位置，重复步骤（3），记录所有的读数。读数中的最大值（忽略了被测要素的圆度误差）即同轴度误差。

(5) 作实训报告。

注：测量时，测量头要和回转轴线垂直

### 五、数据处理及结论

1. 量仪名称及规格

量仪名称_____ 指示表分度值_____

量仪测量范围_____

2. 被测工件

被测件名称_____

平行度公差_____ 垂直度公差_____

同轴度公差_____

3. 测量数据及其处理

| 测量项目 | 图纸要求 | 实测 | | | | | | 实测结果 |
|---|---|---|---|---|---|---|---|---|
| 平行度 | | | | | | | | |
| 垂直度 | | | | | | | | |
| 同轴度 | | | | | | | | |

4. 合格性判断及缘由

## 实训十五　跳动误差的测量

### 一、实训目的

1. 掌握跳动误差的测量原理及数据处理方法
2. 掌握卧式齿轮径向跳动检查仪的使用方法

### 二、实训设备

卧式齿轮径向跳动检查仪

### 三、仪器测量原理

圆跳动公差是要素绕基准轴线作无轴向移动旋转一周时，在任一测量面内所允许的最大跳动量。圆跳动的测量方向，一般是被测表面的法线方向。

径向圆跳动误差的检测，一般是用两顶尖的连线或 V 形块来体现基准轴线，在被测表面的法线方向，使指示器的测头与被测表面接触，使被测零件回转一周，指示器最大读数与最小读数的差值即为该截面的径向圆跳动误差。测量若干个截面的径向圆跳动误差，取其中最大误差值作为该零件的径向跳动误差。

外圆跳动分为圆跳动和全跳动两类。跳动测量可用跳动检查仪或 V 形块和千分表来检测。

### 四、测量步骤

1. 径向圆跳动误差的测量

径向圆跳动误差的测量工具包括，检验平板、V 形块、带指示器的测量架、定位装置。测量方法有两种：以 V 型块体现基准轴线的测量方法、以中心孔为基准轴线的测量方法。

（1）以 V 型块体现基准轴线的测量方法如图 3-14 所示，具体步骤如下。

①将被测零件放在 V 型块上，使基准轴线的外母线与 V 型块工作面接触，并在轴向定位，使指示器测头在被测表面的法线方向与被测表面接触；

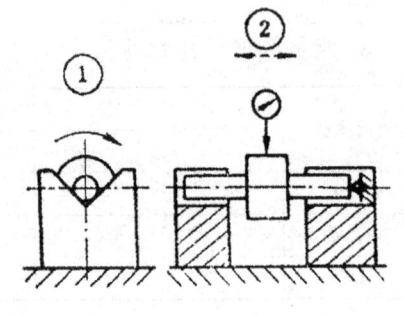

图 3-14 测量示意图

②转动被测零件，观察指示器的示值变化，记录被测零件在回转一周过程中的最大与最小读数 $M_1$ 和 $M_2$，取其代数差为该截面上的径向圆跳动误差：

$$\Delta = M_1 - M_2$$

③按上述方法测量若干个截面，取各截面上测得的跳动误差中的最大值作为该零件的径向圆跳动误差。

（2）以中心孔为基准轴线的测量方法如图 3-15 所示，具体步骤如下。

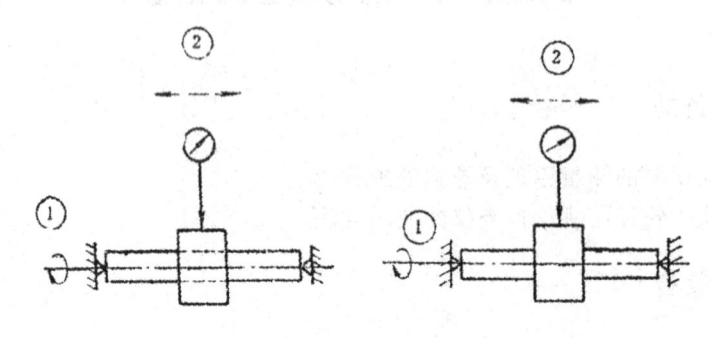

图 3-15 测量示意图

将被测零件安装在两顶尖之间。要求没有轴向窜动且转动自如。指示器在被测表面的法线方向与被测表面接触。转动被测零件，在一周过程中指示器读数的最大与最小读数的差值即为该截面上的径向圆跳动误差。测量若干个截面，取各截面上测得的跳动误差中的最大值，作为该零件的径向圆跳动误差。

2. 径向全跳动误差的检测

全跳动公差是要素绕基准轴线作无轴向移动的连续多周旋转，同时指示器沿被测要素的理想轮廓作相对移动时，在整个表面上所允许的最大跳动量。

全跳动误差是指被测实际要素绕基准轴线作无轴向移动的连续回转，同时指示器沿理想要素线连续移动，由指示器在给定方向上测得的最大与最小读数之差。

径向全跳动误差的检测如图 3-15 所示，使指示器测头在法线方向上与被测表面接触，连续转动被测零件，同时使指示器测头沿基准轴线的方向作直线运动。在整个测量过程中观察指示器的示值变化，取指示器读数最大与最小读数的差值，作为该零件的径向全跳动误差。

## 五、数据处理及结论

1. 量仪名称及规格

量仪名称_____ 指示表分度值_____

量仪测量范围_____

2. 被测工件

被测件名称_____

被测圆柱面的径向圆跳动公差_____ $\mu m$

被测圆端面的轴向圆跳动公差_____ $\mu m$

3. 测量数据及其处理

| 测量次数 | 1 | 2 | 3 | 4 | 5 | 6 | 7 | 8 |
|---|---|---|---|---|---|---|---|---|
| 测量记录 | | | | | | | | |
| 径向圆跳动/$\mu m$ | | | | | | | | |
| 径向全跳动/$\mu m$ | | | | | | | | |

4. 合格性判断及缘由

# 第四章

# 表面粗糙度测量

## 实训十六　用光切显微镜测量表面粗糙度

### 一、实训目的

1. 掌握用光切显微镜测量表面粗糙度的原理和方法
2. 了解光切显微镜的基本结构

### 二、实训设备

光切显微镜

### 三、仪器结构及其工作原理

1. 结构

图 4-1 为光切显微镜（双管显微镜）结构图。

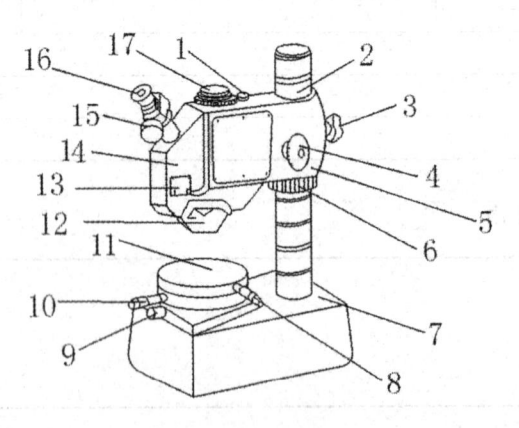

1—光源；2—立柱；3—锁紧螺钉；4—微调手轮；5—横臂；6—升降螺母；7—底座；8—纵向千分尺；
9—工作台固紧螺钉；10—横向千分尺；11—工作台；12—物镜组；13—手柄；14—壳体；
15—测微鼓轮；16—目镜；17—照相机安装孔

图 4-1　光切显微镜

## 2. 工作原理

光切法是利用光切原理测量表面粗糙度的方法，常采用的仪器是光切显微镜（双管显微镜），该仪器适宜测量车、铣、刨或其他类似加工方法所加工的零件平面或外圆表面。光切法主要用来测量粗糙度参数 $R_z$ 的值，其测量范围为 $0.8\sim50\mu m$。如图 4-2 所示，显微镜有两个光管，一个为照明管，另一个为观测管，两管轴线互成 $90°$。在照明管中，由光源 1 发出的光线经过聚光镜 2、光栏（窄缝）3 及透镜 4 后，以一定的角度（$45°$）投射到被测表面上，形成窄长光带。通过观测管（管内装有透镜 5 和目镜 6）进行观察。若被测表面粗糙不平，光带就弯曲。设表面微观不平度的高度为 $H$，则光带弯曲高度为 $ab=H/\cos45°$；而从目镜中看到的光带弯曲高度 $a'b'=KH/\cos45°45°$（式中，$K$ 为观测管的放大倍数）。

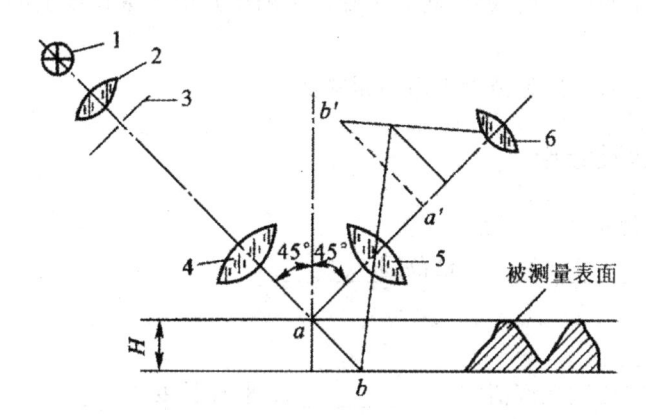

1—光源；2—聚光镜；3—光栏（窄缝）；4，5—透镜；6—目镜

图 4-2 双管显微镜的测量原理

## 四、测量步骤

（1）根据表面粗糙度要求，按表 4-1 选择合适的物镜，装在观测管的下端。

表 4-1 物镜选择表

| 物镜放大倍数 | 分读值 $i/\mu m$ | 目镜视场直径/mm | 可测范围 | |
|---|---|---|---|---|
| | | | $R_z/\mu m$ | 相当的表面光洁度 |
| 7 | 1.28 | 2.5 | 32～125 | ▽4～▽3 |
| 14 | 0.63 | 1.3 | 8～32 | ▽6～▽5 |
| 30 | 0.29 | 0.6 | 2～8 | ▽8～▽7 |
| 60 | 0.16 | 0.3 | 1～2 | ▽9 |

（2）接通电源。

（3）擦净被测工件，把它放在工作台上，并使被测表面的切削痕迹方向和光带垂直。

（4）粗调节：见图 4-1，用手托住横臂 5，松开紧定螺钉 3，缓慢旋转横臂调节螺母 6，使横臂 5 上下移动，直到能从目镜中观察到被测表面轮廓的绿色光带，然后将螺钉 3 固紧。（注：调节时，防止物镜和工件表面接触）。

(5) 细调节：缓慢往复转动微调手轮 4，使目镜中光带最狭窄，轮廓影像最清晰并位于视场中央。

(6) 松开螺钉，转动目镜 16，使目镜中十字线中的一根线与光带轮廓中心线大致平行，并将目镜固紧。

(7) 旋转目镜测微器的刻度套筒，使目镜中十字线的一根线与光带轮廓一边的峰（谷）相切，从测微器中读出该峰（谷）的数值 $h_{峰(谷)}$，在测量长度内分别测出 5 个峰和 5 个谷的数值，按式（4-1）算出 $R_z$。

$$\frac{\sum_{i=1}^{5} h_{峰} - \sum_{i=1}^{5} h_{谷}}{5 \times N_1} = R_z \tag{4-1}$$

(8) 纵向移动工作台，按（6）测量步骤，共测出几个测量长度上的 $R_z$ 值，计算其平均值。

(9) 根据计算结果，判定被测表面的粗糙度。

## 五、数据处理及结论

1. 量仪名称及规格

量仪名称_____    量仪测量范围_____

2. 被测工件

被测件名称_____

被测试件表面粗糙度允许值 $R_z=$_____    取样长度_____

评定长度_____

3. 测量数据及其处理

| 测量数据与误差处理 | $l_r$ | $l_{r1}$ | | $l_{r2}$ | | $l_{r3}$ | | $l_{r4}$ | | $l_{r5}$ | |
|---|---|---|---|---|---|---|---|---|---|---|---|
| | 峰、谷值（格） | $h_{p1}$ | $h_{v1}$ | $h_{p2}$ | $h_{v2}$ | $h_{p3}$ | $h_{v3}$ | $h_{p4}$ | $h_{v4}$ | $h_{p5}$ | $h_{v5}$ |
| | 轮廓高度（μm） | $R_{z1} = i \times (h_{p1} - h_{v1})$ | | | | | | | | | |
| | | $R_{z2} =$ | | | | | | | | | |
| | | $R_{z3} =$ | | | | | | | | | |
| | | $R_{z4} =$ | | | | | | | | | |
| | | $R_{z5} =$ | | | | | | | | | |

4. 合格性判断及缘由

# 实训十七　干涉显微镜测量表面粗糙度 $R_z$

## 一、实训目的

1. 了解干涉显微镜的结构及测量原理
2. 了解用干涉显微镜测量表面粗糙度的方法

## 二、实训设备

干涉显微镜

## 三、仪器结构及其工作原理

1. 结构

如图 4-3（a）所示仪器外型结构。

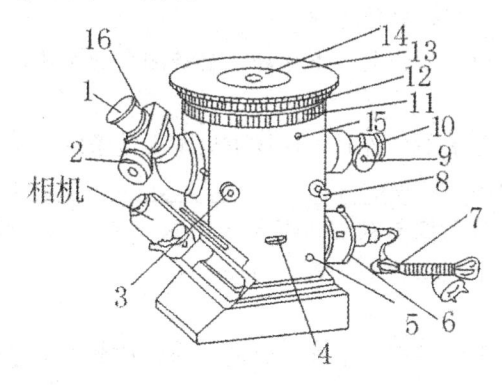

（a）仪器外型

1—目镜；2—测微鼓轮；3、4—手轮；5—手柄；6—螺钉；7—光源；8、9、10—手轮；
11、12、13—滚花轮；14—工作台；15—手轮；16—锁紧螺钉

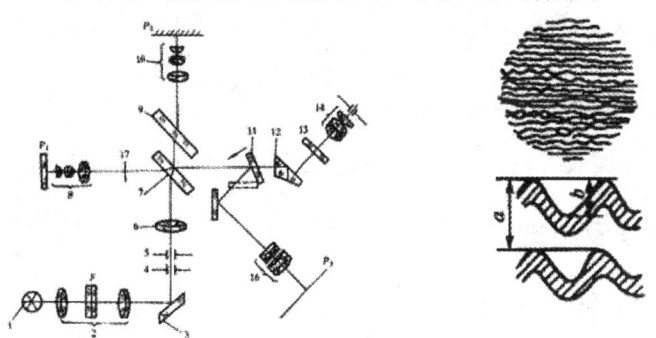

（b）仪器光学系统

1—光源；2，6，13—聚光镜；3，11，15—反射镜；4，5—光阑；7—分光镜；8，10，16—物镜；
9—补偿镜；12—折射镜；14—目镜；17—滤光片

图 4-3　干涉显微镜

## 2. 工作原理

干涉显微镜是利用光波干涉原理和显微系统制成的专门检定表面粗糙度的一类仪器，在目镜中观察到的被测表面的光波干涉带图像。根据图像测量结果算出 10 点的平均高度 $R_z$。干涉显微镜外形和光学系统，如图 4-3（b）所示，光源 1 发出的光通过光阑 4、5、聚光镜 6 投射到分光镜 7 上，分光镜将光线分为二路，一路向上透过分光镜 7，经过补偿镜 9、物镜 10 射向被测表面的像。另一路受到分光镜 7 的反射，经滤光片 17、物镜 8 射向标准镜再由标准镜返回，透过分光镜射向目镜 14。两路光相遇具有光程差。当被测表面非常平整时，在目镜视场内将见到平直规则的明暗相同的干涉条纹，若表面有微观不平度，则视场中将呈现弯曲不规则的干涉带。根据干涉带弯曲量 $b$ 与干涉带间距 $a$ 可计算出 10 点平均高度。

## 四、测量步骤

（1）将工作小心放在工作台上，被测表面向下对准物镜。
（2）通过变压器接通电源。
（3）寻找干涉带。
①向上旋转遮光调节手柄，遮住光线；
②转动调焦百分尺，使工作台上、下移动，对被测表面调焦，直到能从目镜中看到清晰的加工痕纹为止；
③转动遮光调节手柄至水平位置时，视场中出现干涉条纹。
（4）调干涉带方向及间距宽度。
转动工作台，使干涉带条纹与被测表面加工痕纹垂直，为了便于估读干涉带的弯曲量，应使两干涉带间有一定距离 $a$（密度 3～15cm）。
（5）进行测量。
使目镜中十字线的水平线平行于干涉条纹的方向，按此方向进行测量。移动水平线使其在基本长度范围内分别与同一干涉条纹的 5 个最高峰及 5 个最低谷相切，如图 4-3（b）所示得到相应的 10 个读数，算出干涉条纹波峰与波谷之差的平均值。

为了提高相邻两干涉带间距 $a$ 的测量精度，相邻两干涉带之间的距离共测三次算出 $a$ 的平均值，按下列公式计算 $R_z$ 值为

$$R_z = \frac{\sum h_{峰} - \sum h_{谷}}{5a} \times \frac{\lambda}{2} \tag{4-2}$$

式中：$\lambda$ 为光波波长。白色光波波长为 $0.57\mu m$，绿色光波波长为 $0.55\mu m$。

## 五、数据处理及结论

1. 量仪名称及规格
量仪名称_____ 量仪测量范围_____
2. 被测工件
被测件名称_____
被测试件表面粗糙度允许值 $R_z=$_____ 取样长度_____ 评定长度_____

3. 测量数据及其处理

| $n$ | 读数1/格 | | 读数2/格 | | 读数3/格 | | 读数4/格 | | 读数5/格 | |
|---|---|---|---|---|---|---|---|---|---|---|
| | $h_峰$ | $h_谷$ | $h_峰$ | $h_谷$ | $h_峰$ | $h_谷$ | $h_峰$ | $h_谷$ | $h_峰$ | $h_谷$ |
| 1 | | | | | | | | | | |
| 2 | | | | | | | | | | |
| 3 | | | | | | | | | | |
| 4 | | | | | | | | | | |
| 5 | | | | | | | | | | |
| $\Sigma$ | | | | | | | | | | |
| $a$ | | | | | | | | | | |
| $R_z$ | | | | | | | | | | |

$$R_z = \frac{\sum h_峰 - \sum h_谷}{5a} \times \frac{\lambda}{2}$$

计算在评定长度 $l_n$ 内 $R_z$ 的平均值

$$R_z' = \frac{\sum R_z}{5} =$$

4. 合格性判断及缘由

# 实训十八　用表面粗糙度分析仪测量表面粗糙度

## 一、实训目的

1. 掌握用表面粗糙度检查仪的测量原理和数据处理方法
2. 了解表面粗糙度分析仪的基本结构
3. 能够利用表面粗糙度分析仪测量相关表面粗糙度参数

## 二、实训设备

表面粗糙度分析仪

## 三、仪器结构及工作原理

1. 仪器结构

图 4-4 为 2205A 型表面粗糙度分析仪外形结构。它是由驱动箱、传感器、电器箱、支臂、底座、计算机 6 部分组成。部分部件如图 4-5 所示。

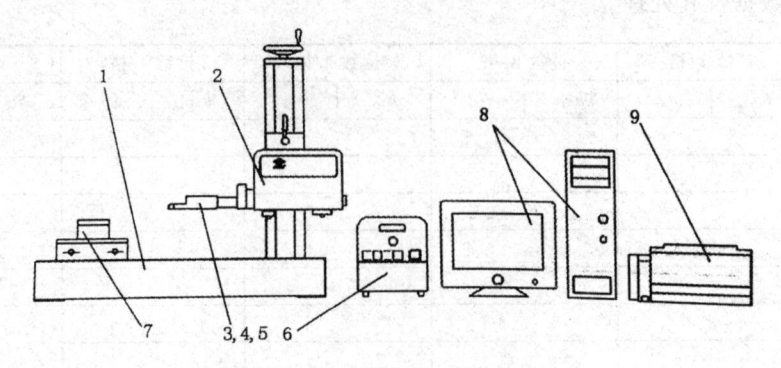

图 4-4 表面粗糙度分析仪外形结构

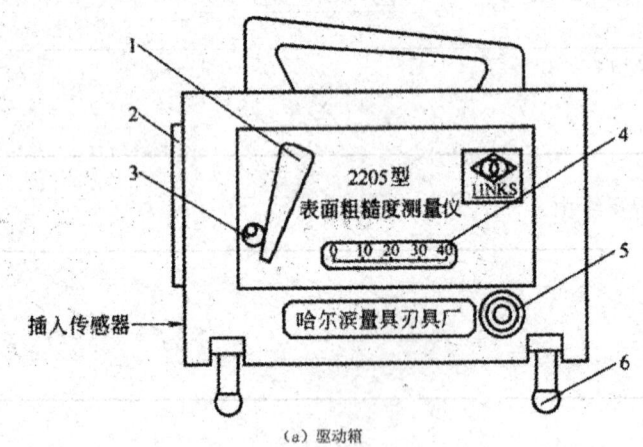

(a) 驱动箱

1—启动手柄；2—燕尾导轨；3—启动手柄限片；4—行程标尺；5—调整手轮；6—球形支承脚

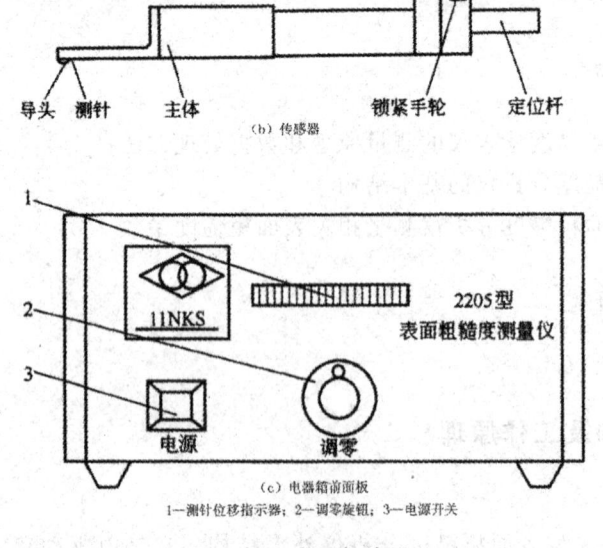

(b) 传感器

(c) 电器箱前面板

1—测针位移指示器；2—调零旋钮；3—电源开关

图 4-5 主要部件图

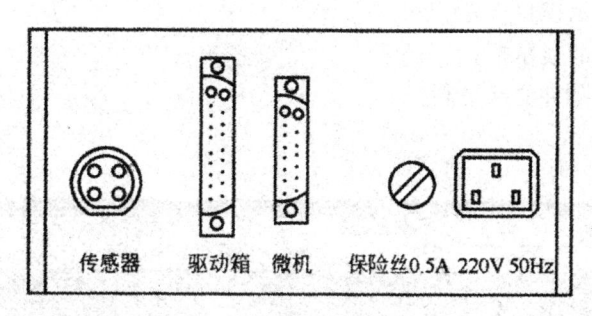

(d) 电箱后面板

图 4-5 主要部件图（续）

2. 测量原理

本仪器采用触针法测量。当驱动箱拖动传感器沿垂直于工件加工纹路的方向做匀速运动时，传感器的金刚石测针随着被测表面微观起伏上下运动，电感传感器将此运动转换为电信号。此电信号经模拟转换电路转换为数字信号，送入计算机进行数字滤波和计算，得出的测量结果，用显示器显示或打印输出。

3. 仪器操作使用

（1）使用前的准备和检查。将驱动箱可靠地装在立柱横壁上，松开锁紧手轮，使横臂能沿立柱导轨自如地升降。将传感器可靠地装在驱动箱上并锁紧；连接好仪器的全部插件，检查接线是否正确。然后，将各开关旋钮和手柄按测量要求拨至所需要位置。最后将电源插在 220V、50Hz 的电源上，开启电器箱电源开关，接通电源的顺序是：电器箱 CRT 显示器、打印机、计算机电源。测量完成后，首先将启动手柄扳到左端，然后关闭所有电源。

（2）大型工件的测量。将驱动箱从立柱上取下，直接放在大型工件上测量，驱动箱由四只可同步调整的球形支承脚支承在工件上，通过调整手轮调整球形支承脚的张角，以使驱动箱上升或下降，从而达到调零的目的，然后按前述操作步骤进行测量。

（3）校准。仪器附带有一块多刻线样板，如图 4-6 所示，它是用于校验仪器的 $R_a$ 值。在玻璃样板上面标示着工作区域和算术平均值 $R_a$ 的鉴定值。使用样板对仪器进行校验时，应注意传感器运动方向必须与刻线方向垂直，并需要在样板所标示区域进行，否则不能保证校验结果的可靠性。每次使用样板前，必须将样板和测头传感器擦拭干净，以免有灰尘和其他脏物附着，以致影响校验结果的准确性。

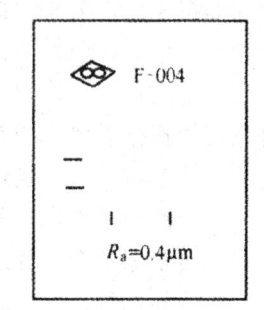

（4）软件运行。打开计算机，Windows 操作系统被启动后，运行安装目录下的 2205A.Exe，可运行表面粗糙度测量软件。稍等片刻，程序将进行初始化工作，初始化完成后，即可进入表面粗糙度测量主屏幕，如图 4-7 所示，具体如下。

①测量工件的基本属性输入框；

②测量图像显示的水平和垂直放大比选择框；

图 4-6 多刻线样板

③测量图像的显示窗口；
④测量结果参数的显示框；
⑤显示当前测量条件的状态栏。
⑥启动测量按钮。

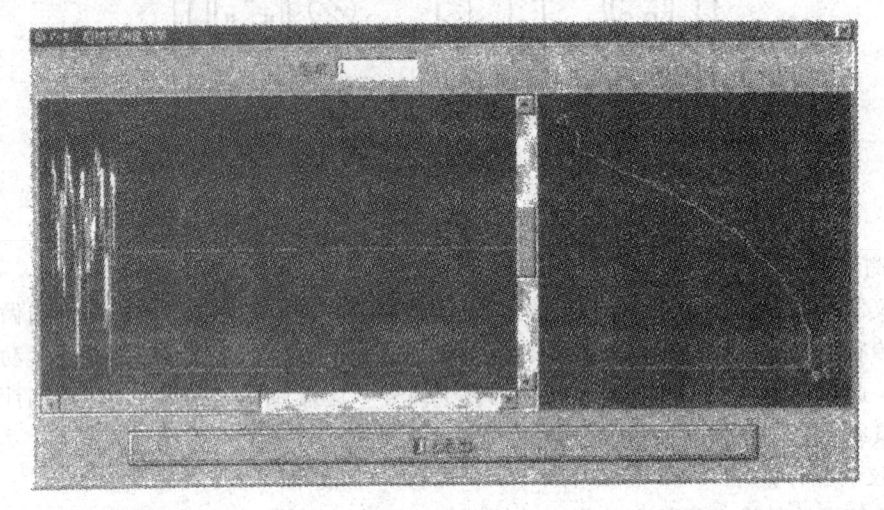

1—测量工件的基本属性输入框，当测量数据文件存储和打印时，程序将以当前的基本属性，存储和打印；
2—测量图像显示的水平和垂直放大比选择框；3—测量图像的显示窗口；4—测量结果参数的显示框；
5—显示当前测量条件的状态栏；6—启动测量按钮

图 4-7　表面粗糙度测量主屏幕

（5）测量控制。本项功能是对测量工件进行测量，有两种测量方式，单项测量和连续测量（具体见测量步骤）。

（6）零位调整。测量前，调整升降手轮，使传感器测头与工件表面接触最佳。调整过程中有两种显示方法。

①在粗糙度测量主屏窗口中，用鼠标左键点击"数显窗口"的还原按钮后，则显示如图 4-8 所示窗口。这个窗口将显示当前指针的位置，调整至显示为零即可。

②使电器箱位移指示器的指示灯处于两个红带之间，显示黄灯即可。根据需要，用鼠标左键点击相应前面的白色小圆区域，这个条件就被选中，当选择完成后，用鼠标左键点击"确定"按钮，退出测量条件设置程序，程序自动按所选择的测量条件设置完成。可依据这个条件进行测量工作。

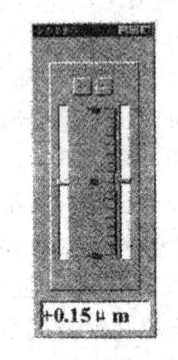

图 4-8　零位显示窗口

（7）显示结果。测量结果主要包括四部分：
①测量参数。测量结束后自动计算并显示在"测量参数显示栏"中。
②滤波轮廓。测量结束后自动显示在"粗糙度测量主屏幕"中间的图像显示区域。
③统计分析。屏幕显示如图 4-9 所示。

测量时，每次测量自动进入统计数据分析，如第一次测量，被计入第一个存储单元，第二次测量，被计入第二个存储单元，如此类推，但本系统最多只能统计 10 次数据，超

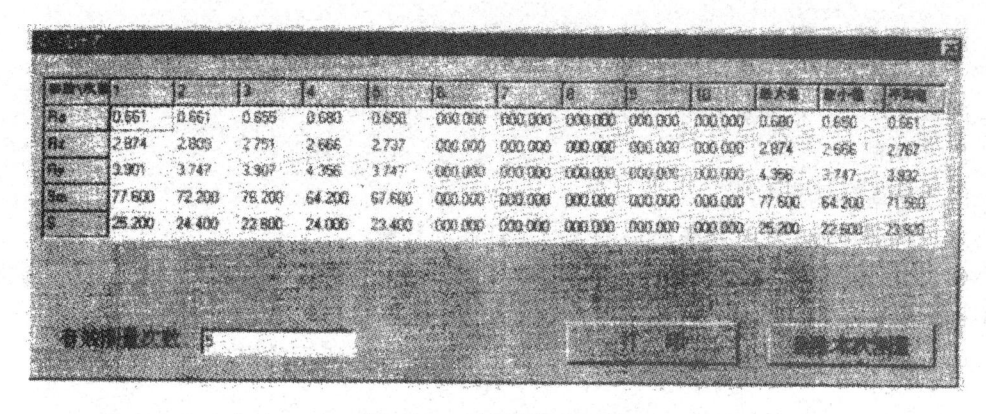

图 4-9 测量参数显示栏

过 10 次，自动删除第一次的测量结果，把测量数据整体向前移动一位，把本次测量数据计入第十个存储单元。"有效测量次数"显示框，显示当前有效的测量次数。用鼠标左键点击"删除本次测量"按钮时，系统自动删除当前的测量数据。用鼠标左键点击"打印"按钮时，系统将自动打印统计结果。

④特殊图像分析。在粗糙度测量主屏幕中用鼠标左键点击"绘图"按钮，屏幕显示出：

C—B 重点为曲线和支承率曲线；

A—B 重点为幅度分布和支承率曲线；

C—N 重点为分析曲线和峰点个数；

B 重点为大屏幕显示支承率。

用鼠标左键点击"C—B 重点为曲线和支承率曲线"菜单，即可进入相应的曲线分析绘图，如图 4-10 所示。

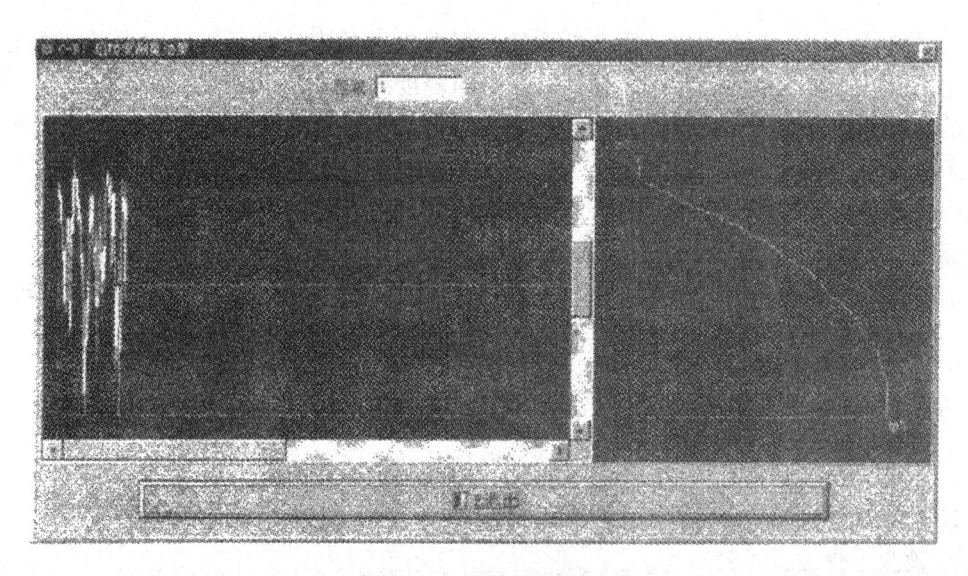

图 4-10 绘图屏幕显示

## 四、测量步骤

测量可分为单次测量和多次测量。实验结果见数据处理。

**1. 单次测量**

（1）放置好被测工件。

（2）调整升降手轮，使传感器测头与工件表面接触。

（3）将启动手轮向左扳到启动手柄限片位置，同时将传感器带回到初始位置，再把启动手柄转到右端。

（4）用鼠标左键点击"测量"旋钮，显示如图4-11所示的窗口。

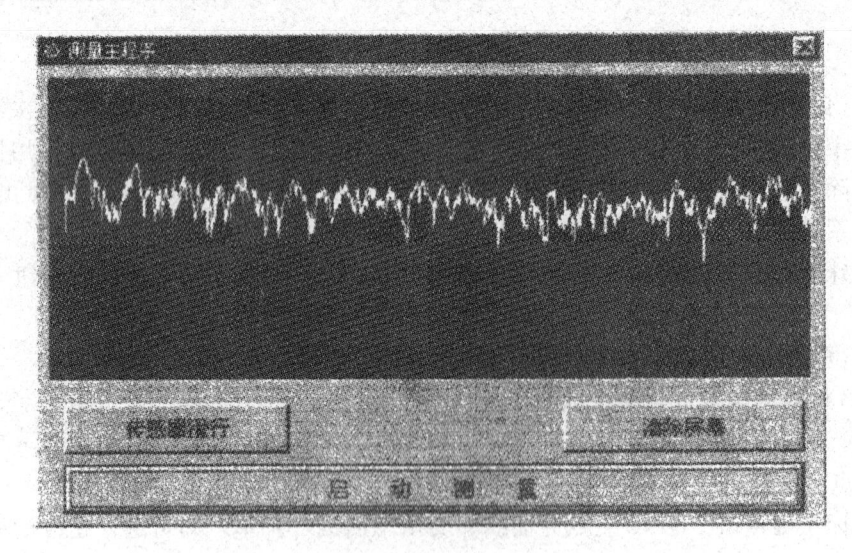

图 4-11 测量主程序

（5）用鼠标左键点击"启动测量"按钮，屏幕上端的窗口显示被测对象的表面轮廓，采样完成后，退出测量主程序菜单窗口，回到粗糙度测量主程序窗口，屏幕的中间区域根据当前的水平和垂直放大比例显示数据轮廓，自动计算所有的粗糙参数，显示在"测量参数显示栏"中。

（6）如要打印，直接点击"打印"旋钮即可。

**2. 连续测量**

前面与单次测量相同，只是在测量完成后，不需要把传感器返回到初始位置，可直接进行一次测量。

## 五、数据处理及结论

**1. 量仪名称及规格**

量仪名称及型号_____    量仪测量范围_____

**2. 被测工件**

被测件名称_____

被测试件表面粗糙度允许值 $R_a$ = _____
取样长度_____  评定长度_____

3. 测量数据及其处理

| 测量序号 | 实测结果 $R_a/\mu m$ | 平均值 |
| --- | --- | --- |
| 1 | | |
| 2 | | |
| 3 | | |
| 4 | | |
| 5 | | |

记录图形及其数据处理

4. 合格性判断及缘由

# 第五章

# 螺纹测量

## 实训十九　用螺纹千分尺测量普通外螺纹中径

### 一、实训目的

1. 掌握用螺纹千分尺测量外螺纹中径
2. 了解螺纹千分尺的基本结构

### 二、实训设备

螺纹千分尺

### 三、仪器结构

用螺纹千分尺测量外螺纹中径,如图5-1所示。

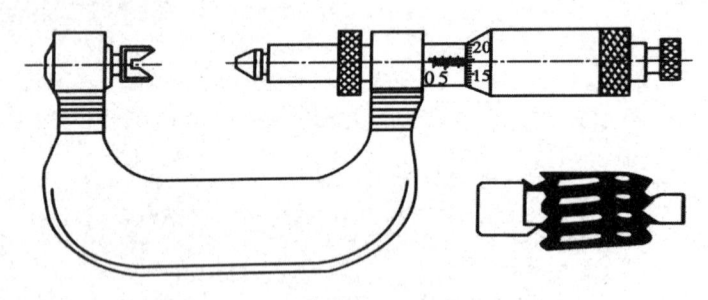

图5-1　用螺纹千分尺测量外螺纹中径

### 四、测量步骤

(1) 根据被测螺纹基本尺寸,选择合适规格的螺纹千分尺。

(2) 测量时,根据被测螺纹螺距大小选择测头的型号,依图5-1所示的方式装入螺纹千分尺,并读取零位值。

(3) 测量时,应从不同截面、不同方向多次测量外螺纹中径,其值从螺纹千分尺中读取后减去零位的代数值,并记录。

(4)查出被测外螺纹中径的极限值,判断其中径的合格性。

## 五、数据处理及结论

1. 量仪名称及规格

量仪名称_____ 测量范围_____

分度值_____

2. 被测工件

被测件名称_____

3. 测量数据及其处理

| 测量简图 | 坐标 | 方向 | 仪器读数/mm |
|---|---|---|---|
| 中经实际测量值 | 1 | | |
| | 2 | | |
| | 3 | | |
| | 4 | | |
| 平均值 | | | |

4. 合格性判断及缘由

# 实训二十　用三针法测量外螺纹中径

## 一、实训目的

1. 掌握用三针法测量外螺纹单一中径的原理和方法
2. 了解杠杆千分尺的结构并熟悉其使用方法

## 二、实训设备

三针、杠杆千分尺

## 三、工作原理

用三针法测量外螺纹单一中径属于间接测量。测量时,将三根直径相同且精度很高的量针分别放入被测螺纹的直径两边相对的牙槽中,如图 5-2(a)所示。然后,用接触式量仪（如卧式或立式测长仪、卧式或立式光学比较仪、杠杆千分尺）对针距 $M$ 进行测量，根据被测外螺纹螺距的基本值 $P$、牙型角的基本值 $\alpha$ 和量针的直径 $d_0$，螺纹的单一中径 $d_2$，可按下式计算。

$$d_{2s}=M-d_0\left(1+\frac{1}{\sin\frac{\alpha}{2}}\right)+\frac{P}{2}\cot\frac{\alpha}{2} \tag{5-1}$$

为了减少或避免被测螺纹牙侧角误差对三针测量结果的影响，应选择最佳直径的量针，使量针与被测螺纹牙槽接触的两个切点间的轴向距离等于 $P/2$，如图 5-2b 所示，因此，量针最佳直径 $d_{0最佳}$ 按下式计算：

$$d_{0最佳}=\frac{P}{2\cos\frac{\alpha}{2}} \tag{5-2}$$

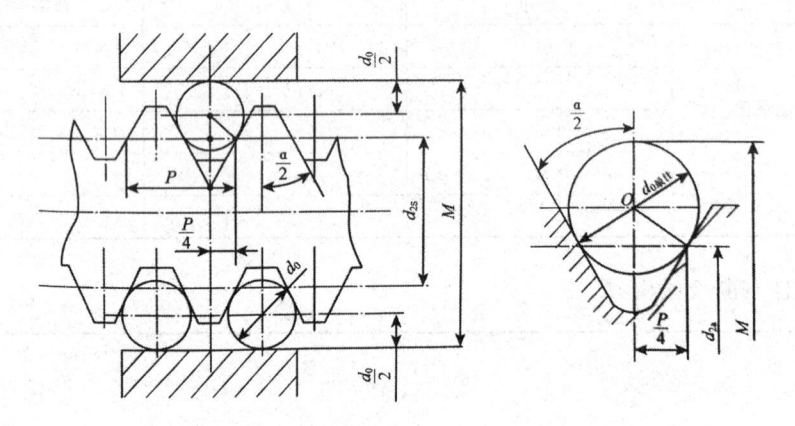

图 5-2 用三针法测量外螺纹的单一中径

对于普通螺纹，牙型角的基本值 $\alpha=60°$，则

$$d_{0最佳}=0.577P \tag{5-3}$$

选用最佳直径 $d_{0最佳}$ 的量针测量普通外螺纹时，由被测外螺纹螺距的基本值 $P$ 和测得的针距 $M$ 按下式计算单一中径 $d_{2s}$

$$d_{2s}=M-3d_{0最佳}+0.866P \tag{5-4}$$

为了使用方便，按式（5-3）计算出各种不同螺距的螺纹所对应的量针最佳直径，列于表 5-1。

表 5-1 测量普通外螺纹时量针最佳直径　　　　　　　　　　　　　　　mm

| 螺距基本值 $P$ | 0.5 | 0.75 | 1 | 1.5 | 2 | 2.5 | 3 | 3.5 | 4 | 4.5 | 5 | 5.5 | 6 |
|---|---|---|---|---|---|---|---|---|---|---|---|---|---|
| 量针直径 $d_{0最佳}$ | 0.289 | 0.433 | 0.577 | 0.866 | 1.154 | 1.443 | 1.731 | 2.020 | 2.308 | 2.597 | 2.885 | 3.174 | 3.462 |

本实训采用杠杆千分尺测量外螺纹的单一中径，杠杆千分尺的外形如图 5-3 所示。它与外径千分尺有某些相似，由螺旋测微部分和杠杆齿轮机构部分组成。螺旋测微部分的微分筒的分度值为 0.01mm；杠杆齿轮机部分的分度值为 0.001mm 或 0.002mm，由指示表指示其示值。杠杆千分尺的示值是千分尺刻线套筒的示值、微分筒的示值与指示表的示值三者之和。

## 四、测量步骤

1. 测量步骤

（1）根据被测外螺纹螺距的基本值，从表5-1查出量针最佳直径，从量针盒中选取该尺寸或最接近该尺寸的量针。把杠杆千分尺和三根量针分别装在杠杆千分尺的尺座和三针挂架上，然后调整该千分尺的示值至零位。

（2）把三根量针分别放入被测外螺纹两边相对的牙槽中。在螺纹圆周上均布的三个轴向截面的相互垂直的两个方向测量针距 $M$，从杠杆千分尺的刻线套筒、微分筒和指示表的示值中读出针距 $M$ 的数值。测取六个数据，取其中的最大值和最小值。然后用这两个数据分别计算外螺纹单一中径 $d_{2s}$ 的最大值和最小值，作为测量结果。

（3）按外螺纹的图样标注，根据外螺纹中径的极限尺寸，判断被测外螺纹单一中径的合格性。

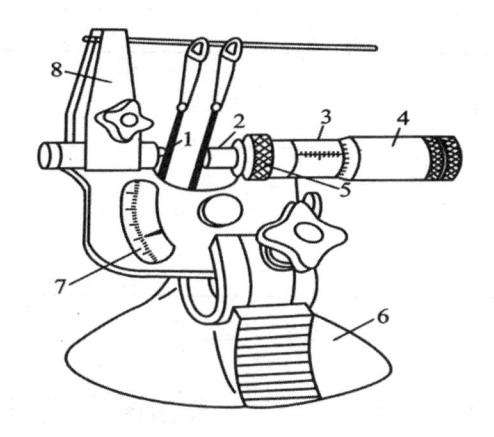

1—固定量砧；2—活动量砧；3—刻线套筒；4—微分筒；5—活动量砧锁紧环；
6—尺座；7—指示表；8—三针挂架

图 5-3 杠杆千分尺

2. 数据处理和计算示例

在杠杆千分尺上用三针法测量 M16×2-5H 普通螺纹塞规通规的单一中径。该通规中径的基本尺寸和极限误差为 $14.719^{\ 0}_{-0.011}$ mm。

（1）查表5-1，被测螺纹塞规的螺距为2mm，所对应的最针最佳直径为1.154m，选用该尺寸的量针。

（2）根据以上测量步骤测取六处针距的实际尺寸 $M_{实}$ 分别为：

16.443mm，16.446mm，16.442mm，16.440mm，16.442mm，16.441mm

其中 $M_{实max}=16.446$mm，$M_{实min}=16.440$mm。

（3）按式（5-4）计算被测螺纹塞规的单一中径的最大值和最小值：

$d_{2s(max)} = M_{实max} - 3d_{0(最佳)} + 0.886P = (16.446 - 3 \times 1.154 + 0.886 \times 2)$mm $= 14.716$mm

$d_{2s(max)} = M_{实rmin} - 3d_{0(最佳)} + 0.886P = (16.440 - 3 \times 1.154 + 0.886 \times 2)$mm $= 14.710$mm

它们在被测螺纹塞规通规单一中径极限尺寸范围内，故合格

### 五、数据处理及结论

1. 量仪名称及规格

量仪名称_____ 测量范围_____

分度值_____ 针直径_____

2. 被测工件

被测件名称_____

3. 测量数据及其处理

| 测量项目 | 序号 | 被测对象1 | 被测对象2 |
|---|---|---|---|
| 中经实际测量值 | 1 | | |
| | 2 | | |
| | 3 | | |
| 平均值 | 4 | | |

4. 合格性判断及缘由

## 实训二十一　影像法测量螺纹参数

### 一、实训目的

1. 了解工具显微镜的测量原理及结构特点
2. 熟悉用大型（或小型）工具显微镜测外螺纹主要参数的方法

### 二、实训设备

大型工具显微镜

### 三、仪器结构及工作原理

1. 仪器结构

工具显微镜用于测量螺纹量规、螺纹刀具、齿轮滚刀以及样板等。图5-4为大型工具显微镜的外形图，它主要由目镜1、圆工作台5、底座7、支座12、立柱13、悬臂14和千分尺6、10等部分组成。转动手轮11，可使立柱绕支座左右摆动，转动千分尺6和10，可使工作台纵、横向移动，转动手轮8，可使工作台绕轴心线旋转。

# 第五章 螺纹测量

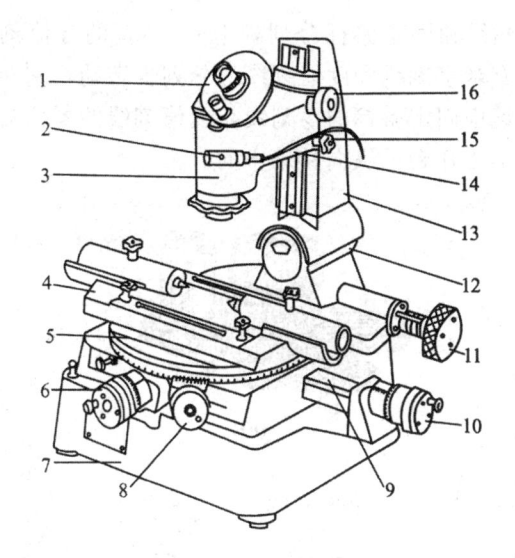

1—目镜；2—反射照明灯；3—量微镜管；4—顶针架；5—圆工作台；6—读数鼓轮；7—底座；8—圈工作台手轮；
9—块规；10—读数鼓轮；11—转动手轮；12—支座；13—立柱；14—悬臂；15—锁紧螺钉；16—手柄

图 5-4 大型工具显微镜

2. 测量原理

仪器的光学系统如图 5-5 所示。由主光源 1 发出的光经聚光镜 2、滤色片 3、透镜 4、光阑 5、反射镜 6、透镜 7 和玻璃工作台 8，将被测工件 9 的轮廓经物镜 10、反射棱镜 11 投射到目镜的焦平面 12 上，从而在目镜 15 中观察到放大的轮廓影象。另外，也可用反射光源，照亮被测工件，以工件表面上的反射光线，经物镜 10、反射棱镜 11 投射到目镜的焦平面 12 上，同样在目镜 15 中观察到放大的轮廓影象。

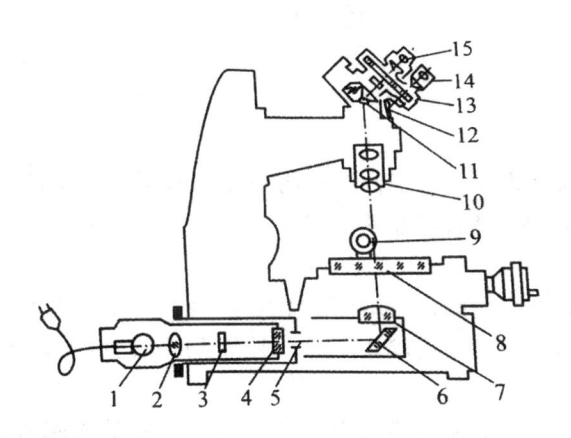

1—光源；2—聚光镜；3—滤色片；4—透镜；5—光阑；6—反射镜；7—透镜；8—玻璃工作台；9—被测工件；
10—物镜；11—反射棱镜；12—焦平面；13—目镜分划板；14—角度示值目镜；15—目镜

图 5-5 仪器的光学系统

图 5-6（a）为仪器的目镜外形图，它由玻璃分划板、中央目镜、角度读数目镜、反射镜和手轮等组成。目镜的结构原理如图 5-6（b）所示，从中央目镜可观察到被测工件的轮廓影像和分划板的米字刻线如图 5-6（c）所示，从角度读数目镜中，可以观察到分

划板上 0°~360°的度值刻线和固定游标分划板上 0°~60°的分值刻线，如图 5-6（d）所示。转动手轮，可使刻有米字刻线和度值刻线的分划板转动，它转过的角度，可从角度读数目镜中读出。当该目镜中固定游标的零刻线与度值刻线的零位对准时，米字刻线中间虚线 A—A 正好垂直于仪器工作台的纵向移动方向。

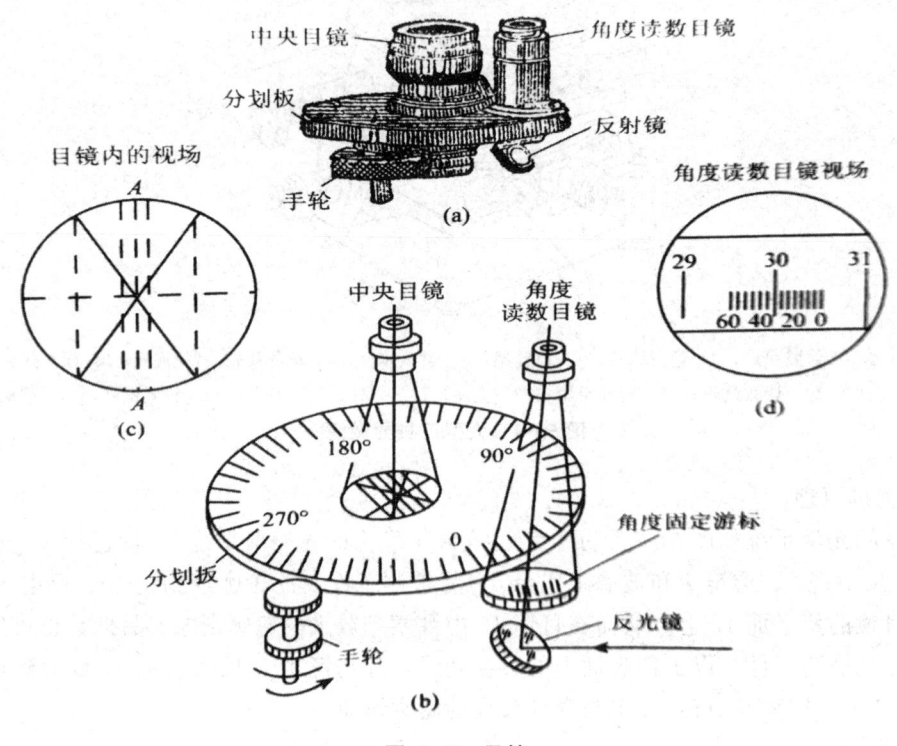

图 5-6 目镜

## 四、测量步骤

（1）擦净仪器及被测螺纹，将工件小心地安装在两顶尖之间，拧紧顶尖的固紧螺钉。同时，检查工作台圆周刻度是否对准零位。

（2）接通电源。

（3）用调焦筒（仪器专用附件）调节主光源 1（图 5-5），旋转主光源外罩上的三个调节螺钉，直至灯丝位于光轴中央成像清晰，则表示灯丝已位于光轴上并在聚光镜 2 的焦点上。

（4）根据被测螺纹尺寸，从仪器说明书中，查出适宜的光阑直径，然后调好光阑的大小。

（5）旋转手轮 11（图 5-4），按被测螺纹的螺旋升角 $\psi$，调整立柱 13 的倾斜度。

（6）调整目镜 14、15 上的调节环（图 5-5），使米字刻线和度值、分值刻线清晰。松开锁紧螺钉 15（图 5-4），旋转手柄 16（图 5-4），调整仪器的焦距，使被测轮廓影像清晰（若要求严格，可用专用的调焦棒在两顶尖中心线的水平面内调焦）。然后，旋紧锁紧螺钉 15。

(7) 测量时采用压线法和对线法瞄准。

压线法是把目镜分划板上的米字线的中虚线 A—A 转到与牙廓影像的牙侧方向一致，并使中虚线 A—A 的一半压在牙廓影像之内，另一半位于牙廓影像之外，它用于测量长度，如图 5-7（a）所示。对线法是使米字线的中虚线 A—A 与牙廓影像的牙侧间有一条宽度均匀的缝隙，它用于角度测量，如图 5-7（b）所示。

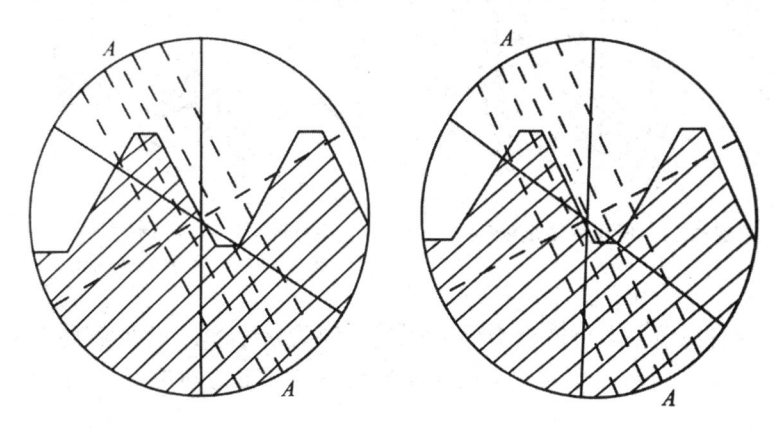

图 5-7 瞄准方法

(8) 测量螺纹主要参数。

①测量中径。螺纹中径 $d_2$ 是指螺纹截成牙凸和牙凹宽度相等，并和螺纹轴线同心的假想圆柱面直径。对于单线螺纹，它是中径也等于在轴截面内，沿着与轴线垂直的方向量得的两个相对牙形侧面间的距离。

为了使轮廓影象清晰，需将立柱顺着螺旋线方向倾斜一个螺旋升角 $\psi$，其值按下式计算：

$$\tan\psi = \frac{np}{\pi d_2} \tag{5-5}$$

式中：$p$ 为螺纹螺距，mm；$d_2$ 为螺纹中径理论值，mm；$n$ 为螺纹线数。

测量时，转动纵向千分尺 10 和横向千分尺 6（图 5-4）以移动工作台，使目镜中的 A—A 虚线与螺纹投影牙形的一侧重合，如图 5-8 所示，记下横向千分尺的第一次读数。然后，将显微镜立柱反向倾斜螺旋升角 $\psi$，转动横向千分尺，使 A—A 虚线与对面牙形轮廓重合，如图 5-8 所示，记下横向千分尺第二次读数。两次读数之差，即为螺纹的实际中径。为了消除被测螺纹安装误差的影响，须测 $d_{2左}$ 和 $d_{2右}$，取两者的平均值作为实际中径：

$$d_{2实际} = \frac{d_{2左} + d_{2右}}{2}$$

②测量侧角。螺纹牙型角 $\alpha$ 是指在螺纹牙形上，牙侧与螺纹轴线的垂线间的夹角。

测量时，转动纵向和横向千分尺并调节手轮，如图 5-6 所示，使目镜中的 A—A 虚线与螺纹投影牙形的某一侧面重合，如图 5-9 所示。此时，角度读数目镜中显示的读数，即为该牙侧的半角数值。

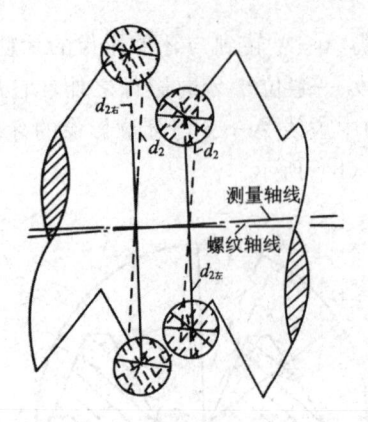

图 5-8　压线法测量中径

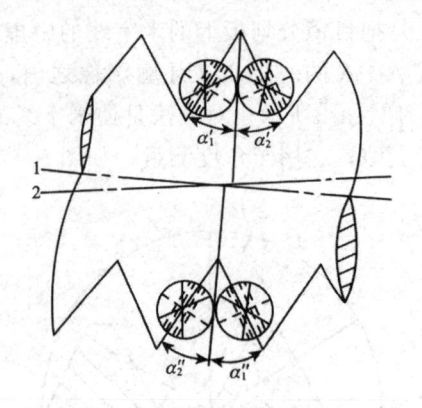

1—螺纹轴线；2—测量轴线
图 5-9　对线测量牙侧角

在角度读数目镜中，当角度读数为 0°0′时，则表示 A—A 虚线垂直于工作台纵向轴线，如图 5-10（a）所示。当 A—A 虚线与被测螺纹牙形边对准时，如图 5-10（b）所示，得到该半角的数值为

$$\alpha_2 = 360° - 330°4' = 29°56'$$

同理，当 A—A 虚线与被测螺纹牙形另一边对准时，如图 5-10（c）所示，则得到另一半角的数值为

$$\alpha_1 = 30°8'$$

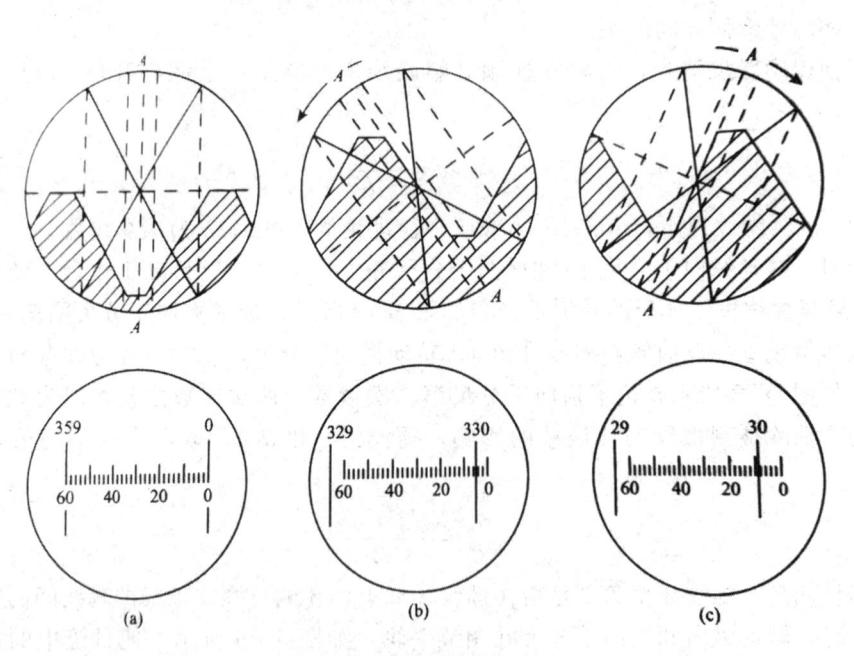

图 5-10　测角读数示例

为了消除被测螺纹的安装误差的影响，需分别测出 $\alpha_1'$、$\alpha_2'$、$\alpha_1''$、$\alpha_2''$，并按下述方式处理：

$$\alpha_1 = \frac{\alpha_1' + \alpha_1''}{2}$$

$$\alpha_2 = \frac{\alpha_2' + \alpha_2''}{2}$$

将它们与牙形侧角公称值 $\left(\frac{\alpha}{2}\right)$ 比较，则得左、右牙侧角误差为

$$\Delta\alpha_1 = \alpha_1 - \frac{\alpha}{2}$$

$$\Delta\alpha_2 = \alpha_2 - \frac{\alpha}{2}$$

$$\Delta\alpha = \frac{|\Delta\alpha_1 + \Delta\alpha_2|}{2}$$

为了使轮廓影像清晰，测量牙型角时，同样要使立柱倾斜一个螺旋升角 $\psi$。

③测量螺距。螺距 $P$ 是指相邻两牙在中线上对应两点的轴向距离。

测量时，转动纵向和横向千分尺以移动工作台，利用目镜中的 A—A 虚线与螺纹投影牙形的一侧重合，记下纵向千分尺第一次读数。然后，移动纵向工作台，使牙形纵向移动 $n$ 个螺距的长度，以同侧牙形与目镜中的 A—A 虚线重合，记下纵向千分尺第二次读数。两次读数之差，即为 $n$ 个螺距的实际长度，如图 5-11 所示。

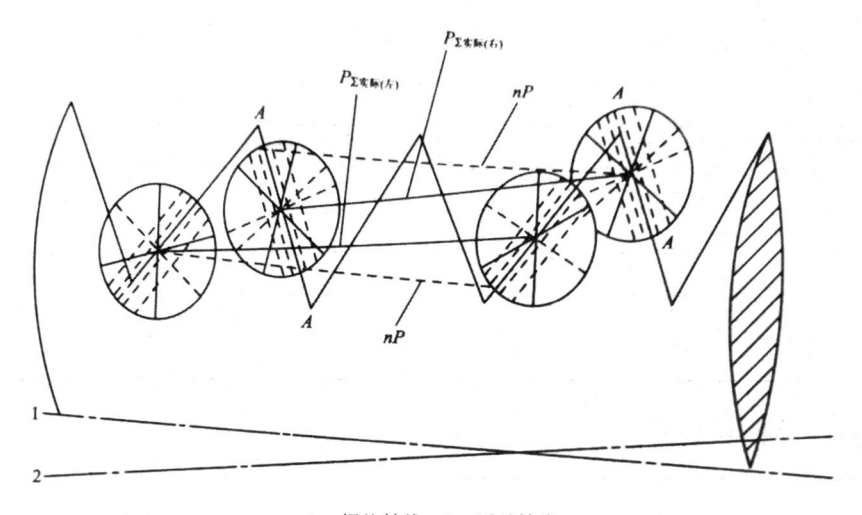

1—螺纹轴线；2—测量轴线

**图 5-11 压线法测量螺距**

为了消除被测螺纹安装误差的影响，同样要测量 $np_{左(实)}$ 和 $np_{右(实)}$。然后，取它们的平均值作为螺纹 $n$ 个螺距的实际尺寸：

$$np_实 = \frac{np_{左(实)} + np_{右(实)}}{2}$$

$n$ 个螺距的累积误差为

$$\Delta p = np_实 - np$$

（9）按图样给定的技术要求，判断被测螺纹塞规的适用性。

### 五、数据处理及结论

1. 量仪名称及规格

量仪名称＿＿＿＿＿＿＿＿＿＿　　纵向标尺测量范围＿＿＿＿＿＿

横向标尺测量范围＿＿＿＿＿＿　　角度标尺测量范围＿＿＿＿＿＿

角度标尺分度值＿＿＿＿＿＿＿

2. 被测工件

被测件名称＿＿＿＿＿＿＿＿＿＿

3. 测量数据及其处理

| 实验项目 | 序号 | 被测对象1 | 被测对象2 |
|---|---|---|---|
| 牙侧半角实际测量值 | 1 | | |
| | 2 | | |
| | 3 | | |
| | 4 | | |
| 平均值 | | | |
| 中经实际测量值 | 1 | | |
| | 2 | | |
| | 3 | | |
| | 4 | | |
| 平均值 | | | |
| 螺距实际测量值 | 1 | | |
| | 2 | | |
| | 3 | | |
| | 4 | | |
| 平均值 | | | |

4. 合格性判断及缘由

# 第六章 齿轮测量

## 实训二十二　齿轮径向综合误差和一齿径向综合误差的测量

### 一、实训目的

1. 了解齿轮双面啮合检查仪的结构及工作原理
2. 掌握使用齿轮双面啮合检查仪测量齿轮径向综合误差和一齿径向综合误差的方法
3. 加深对齿轮径向综合误差和一齿径向综合误差定义的理解

### 二、实训设备

齿轮双面啮合综合检查仪

### 三、仪器结构及工作原理

1. 仪器的结构

齿轮双面啮合综合检查仪的外形如图6-1所示。量仪底座12的导轨上安放着固定滑座1和移动滑座2，在它们的中心轴上分别安装被测齿轮9和测量齿轮8。按齿轮的参数、精度和齿厚误差计算双面啮合时的公称中心距，在仪器的标尺上按计算的中心距调整，两齿轮在弹簧力的作用下双面啮合。在两齿轮对滚时其中心距由于齿轮的误差而变化，此变化值可通过指示表6读数或由记录器7绘出误差曲线（图6-2），最后按其中心距的变化分析齿轮的加工误差。

2. 测量原理及方法

齿轮双面啮合综合测量是将被检验的齿轮（称为被测齿轮）与测量齿轮（精度比被测齿轮高二级以上的高精度齿轮）无侧家隙双面啮合，当被测齿轮间转一周时，通过两齿轮双面啮合中心距的变动数值来评定齿轮的加工精度。它是一种综合测量方法，测量简便，效率高，在大批量生产中应用广泛。但由于它不能反映运动偏心的影响，与齿轮实际工作的情况又不完全符合，因此不能用于全面评定齿轮的使用质量。

径向综合误差 $\Delta F_i''$ 是指被测齿轮与测量齿轮双面啮合时（前者左、右齿面同时与后者

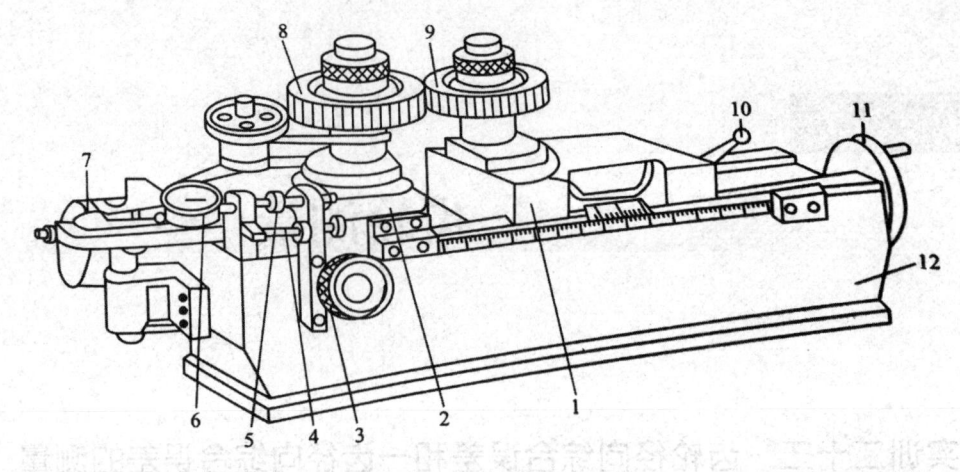

1—固定滑座；2—移动滑座；3—手轮；4—销钉；5—螺钉；6—指示表；7—记录器；8—测量齿轮；
9—被测齿轮；10—手柄；11—手轮；12—底座

图 6-1 双啮仪

齿面接触），在被测齿轮一转内双啮中心距的最大值与最小值之差。一齿径向综合误差 $\Delta f''_i$ 是指在被测齿轮一转中对应一个齿距角（$360°/z$，$z$ 为被测齿轮的齿数）范围内的双啮中心距变动量，取其中的最大值 $\Delta f''_{i\max}$ 作为评定值。测量记录如图 6-2 所示。

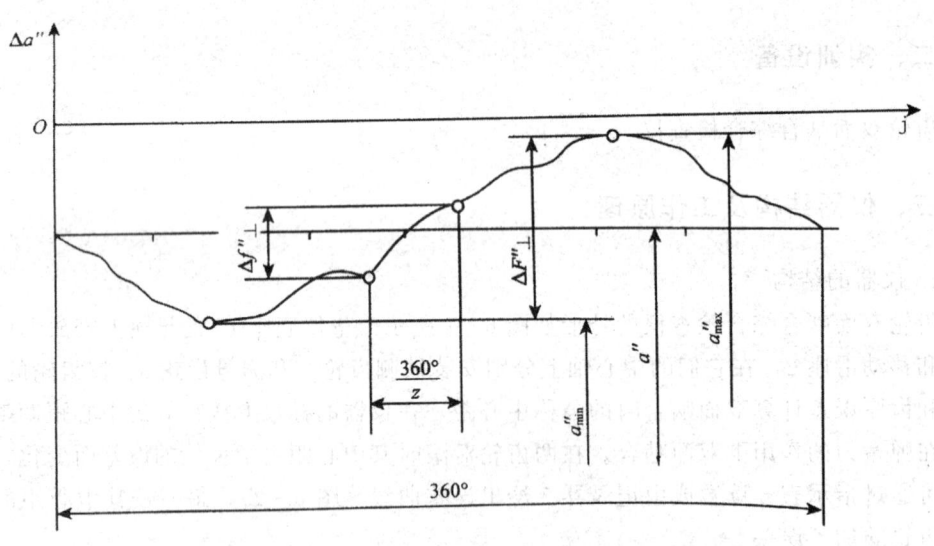

$\varphi$—被测齿轮的转角；$\Delta a''$—指示表示值；$z$—被测齿轮的齿数

图 6-2 双啮仪测量记录曲线

## 四、测量步骤

根据被测齿轮的参数、精度要求，查表 6-1 得齿轮径向综合总公差 $\Delta F''_i$ 的值，查表 6-2 得齿轮一齿径向综合公差 $\Delta f''_i$ 的值。

表 6-1　齿轮径向综合总公差 $\Delta F_i''$ 值（摘自 GB/T 10095.2—2008）　　　　μm

| 分度圆直径 | 法向模数 | 精度等级 | | | | | | | | |
|---|---|---|---|---|---|---|---|---|---|---|
| $d$/mm | $m_n$/mm | 4 | 5 | 6 | 7 | 8 | 9 | 10 | 11 | 12 |
| 50<$d$≤125 | 1.5≤$m_n$≤2.5 | 15 | 22 | 31 | 43 | 61 | 86 | 122 | 173 | 244 |
| | 2.5<$m_n$≤4.0 | 18 | 25 | 36 | 51 | 72 | 102 | 144 | 204 | 288 |
| | 4.0<$m_n$≤6.0 | 22 | 31 | 44 | 62 | 88 | 124 | 176 | 248 | 351 |

表 6-2　齿轮一齿径向综合公差 $\Delta f_i''$ 值（摘自 GB/T 10095.2—2008）　　　　μm

| 分度圆直径 | 法向模数 | 精度等级 | | | | | | | | |
|---|---|---|---|---|---|---|---|---|---|---|
| $d$/mm | $m_n$/mm | 4 | 5 | 6 | 7 | 8 | 9 | 10 | 11 | 12 |
| 50<$d$≤125 | 1.5≤$m_n$≤2.5 | 4.5 | 6.5 | 9.5 | 13 | 19 | 26 | 37 | 53 | 75 |
| | 2.5<$m_n$≤4.0 | 7.0 | 10 | 14 | 20 | 29 | 41 | 58 | 82 | 115 |
| | 4.0<$m_n$≤6.0 | 11 | 15 | 22 | 31 | 44 | 62 | 87 | 123 | 174 |

（1）了解仪器的结构原理和操作程序。

（2）根据被测齿轮的参数选择测量齿轮和计算公称的双啮中心距 $a$。

（3）将指示表 6 装在支架上，将记录纸装在圆筒上，并压紧。

（4）将测量齿轮 8 和被测齿轮 9 分别安装在可移动滑座 2 和固定滑座 1 的心轴上。按逆时针方向转动手轮 3，直至移动滑座 2 向左移动被销钉 4 挡住为止。这时，移动滑座 2 大致停留在可移动范围的中间。然后，松开手柄 10，转动手轮 11，使滑座 1 移向滑座 2，按计算的公称双啮中心距使固定滑座上的指标线对准底座 12 上的刻度线，将手柄 10 压紧，使滑座 1 的位置固定。之后，按顺时针方向转动手轮 3，由于弹簧的作用，移动滑座 2 向右移动，这两个齿轮便无侧隙双面啮合。

（5）调撒螺钉 5 的位置，使指示表 6 的指针因弹簧压缩而正转 1～2 转，并把蝶钉 5 的紧定螺母拧紧。转动指示表 6 的表盘（分度盘），把表盘上的零刻线对准指示表的指针，以确定指示表的示值零位。使用记录器 7 时，应在滚筒上裹上记录纸，并把记录笔调整到中间位置。

（6）顺时针方向缓慢而均匀地转动测量齿轮，使被测齿轮施转一周。注意指示表的读数与记录器的记录是否一致。

（7）取下记录曲线的坐标纸（图 6-2），找出被测齿轮一转内曲线的最大幅度值，即为径向综合总误差 $\Delta F_i''$。找出在被测齿轮的一齿距角内，曲线的最大幅度值，即为一齿径向综合误差 $\Delta f_i''$。

（8）根据齿轮的技术要求，按 $\Delta F_i''≤F_i''$ 和 $\Delta f_i''≤f_i''$ 判断合格性。

（9）清洗仪器，整理现场。

## 五、数据处理及结论

1. 量仪及规格

量仪名称_____　　指示表分度值_____

量仪测量范围_____

2. 被测工件

模数 $m$ _____ mm　　齿数 $z$ _____　　标准压力角 $\alpha$ _____

齿轮径向综合误差允许值 $\Delta F_i''$ _____ $\mu m$

一齿径向综合误差允许值 $\Delta f_i''$ _____ $\mu m$

3. 测量数据及其处理

| 指示表最大示值/$\mu m$ | 1 | 2 | 3 | 4 | 5 | 6 | 7 | 8 | 9 | 10 | 11 | 12 | 13 | 14 | 15 | 16 | 17 | 18 | 19 | 20 |
|---|---|---|---|---|---|---|---|---|---|---|---|---|---|---|---|---|---|---|---|---|
| 指示表最小示值/$\mu m$ | | | | | | | | | | | | | | | | | | | | |
| 齿轮一齿径向综合误差 $\Delta f_i''$ 的数值/$\mu m$ | | | | | | | | | | | | | | | | | | | | |

4. 合格性判断及缘由

## 实训二十三　齿轮单个齿距误差和齿距累计误差的测量

### 一、实训目的

1. 了解齿轮齿距检查仪的结构及工作原理
2. 掌握齿轮单个齿距误差和齿距累计误差数据的计算方法
3. 加深对齿轮单个齿距误差和齿距累计误差定义的理解

### 二、实训设备

齿轮齿距检查仪

### 三、仪器结构及工作原理

1. 仪器的结构

本实训项目是用齿轮齿距检查仪以单齿相对测量法测量，如图 6-3 所示，可调式固定量爪 4 按模数确定，活动量爪 3 通过杠杆系统在指示表上反映其变化数值；为了保证在同一个圆周进行测量，用一对定位杆 2 在齿顶圆上定位。

2. 测量原理

测量时以被测齿轮本身任一实际齿距为基准，调整定位量爪，使固定量爪与活动量爪大约在分度圆上两相邻同名齿廓相接触，并将指示表对准零位，随后逐齿测量，将测量结果进行数据处理，即可得到齿距累积总误差 $\Delta F_p$ 和单个齿距误差 $\Delta f_{pt}$。

# 第六章 齿轮测量

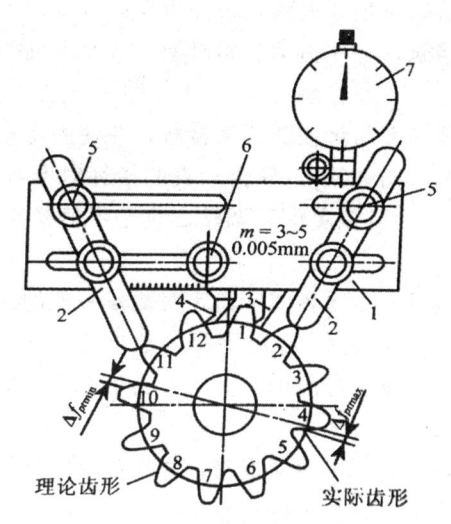

1—仪器本体；2—定位杆；3—活动量爪；4—固定量爪；5—固紧螺钉；6—紧固螺钉；7—指示表

图6-3 齿距检查仪测量齿距误差

## 四、测量步骤

### 1. 测量步骤

根据被测齿轮的参数、精度要求，查表6-3得齿轮齿距累积总公差$F_p$值，查表6-4得齿轮单个齿距极限误差$\pm f_{pt}$值。

表6-3 齿轮齿距累积总公差$F_p$值（摘自GB/T 10095.2—2008）　　μm

| 分度圆直径 | 法向模数 | 精度等级 | | | | | | | | | | |
|---|---|---|---|---|---|---|---|---|---|---|---|---|
| $d$/mm | $m_n$/mm | 2 | 3 | 4 | 5 | 6 | 7 | 8 | 9 | 10 | 11 | 12 |
| 50＜$d$≤125 | 1.5≤$m_n$≤2.5 | 6.5 | 9.0 | 13.0 | 18.0 | 26.0 | 37.0 | 52.0 | 74.0 | 104.0 | 147.0 | 208.0 |
| | 2.5＜$m_n$≤4.0 | 6.5 | 9.5 | 13.0 | 19.0 | 27.0 | 38.0 | 53.0 | 76.0 | 107.0 | 151.0 | 241.0 |
| | 4.0＜$m_n$≤6.0 | 7.0 | 9.5 | 14.0 | 19.0 | 28.0 | 39.0 | 55.0 | 78.0 | 110.0 | 156.0 | 220.0 |

表6-4 齿轮单个齿距极限误差$\pm f_{pt}$值（摘自GB/T 10095.2—2008）　　μm

| 分度圆直径 | 法向模数 | 精度等级 | | | | | | | | | | |
|---|---|---|---|---|---|---|---|---|---|---|---|---|
| $d$/mm | $m_n$/mm | 2 | 3 | 4 | 5 | 6 | 7 | 8 | 9 | 10 | 11 | 12 |
| 50＜$d$≤125 | 1.5≤$m_n$≤2.5 | 1.9 | 2.7 | 3.8 | 5.5 | 7.5 | 11.0 | 15.0 | 21.0 | 30.0 | 43.0 | 61.0 |
| | 2.5＜$m_n$≤4.0 | 2.1 | 2.9 | 4.1 | 6.0 | 8.5 | 12.0 | 17.0 | 23.0 | 33.0 | 47.0 | 66.0 |
| | 4.0＜$m_n$≤6.0 | 2.3 | 3.2 | 4.6 | 6.5 | 9.0 | 13.0 | 18.0 | 26.0 | 36.0 | 52.0 | 73.0 |

（1）将仪器安装在检验平板上。

（2）根据被测齿轮模数，调整固定量爪4的位置，即松开固定量爪的紧固螺钉6，使固定量爪上的刻度线对准壳体上的刻度（模数）。例如，被测齿轮模数为5，则将固定量爪的刻度线对准壳体上的刻线5，对好后，固紧紧固螺钉6。

（3）使固定量爪 4 和活动量爪 3 大致在被测齿轮的分度圆上与两相邻轮齿接触，同时将两定位杆 2 都与齿顶圆接触，且使指示表指针有一定的压缩量（压缩一圈左右）。对好后用固紧螺钉 5 固紧。

（4）手扶齿轮，使定位杆 2 与齿顶圆紧密接触，并使固定量爪 4 和活动量爪 3 与被测齿面接触（用力均匀，力的方向一致），使指示表的指针对准零位（旋转表盘壳，使指示表指针与刻度盘的零位重合），可多次重复调整，直至示值稳定为止，以此实际齿距作为测量基准。

（5）对齿轮逐齿进行测量，量出各实际齿距对测量基准的误差（方法与上述相同，但不可转动表壳，应直接读出误差值），将所测得的数据逐一记入实验报告的表格内（注：齿轮测量一周后，回到作为测量基准的齿距上时，指示表读数应回到"零"，如变化过大，必须找出原因并进行分析）。

（6）按要求整理测量数据，完成检测报告，并作出评定结论。

（7）清洁仪器、用具及工件，整理好现场。

2. 测量数据的处理实例

求齿距累积总误差 $\Delta F_p$ 和单个齿距误差 $\Delta f_{pt}$。

测量数据的处理方法可用计算法和作图法。现以 $m=4$，$z=12$ 的齿轮为例。

（1）计算法见表 6-5，其步骤如下。

表 6-5 计算法测量齿距的数据处理

| 齿序 | 读数值 $\Delta_i$ | 读数累加 $\Delta\sum\Delta_i$ | 修正值 | $\Delta f_{pt}$ | $\Delta F_{pt}$ |
|---|---|---|---|---|---|
| 1 | 0 | 0 | | $0-(+1.5)=-1.5$ | $-1.5$ |
| 2 | $+1$ | $+1$ | | $1-(+1.5)=-0.5$ | $-2$ |
| 3 | 0 | $+1$ | | $0-(+1.5)=-1.5$ | $-3.5$ |
| 4 | $+1$ | $+2$ | | $1-(+1.5)=-0.5$ | $-4$ |
| 5 | $-1$ | $+1$ | | $-1-(+1.5)=-2.5$ | $-6.5$ |
| 6 | $+5$ | $+6$ | $+1.5$ | $5-(+1.5)=+3.5$ | $-3$ |
| 7 | $+3$ | $+9$ | | $3-(+1.5)=+1.5$ | $-1.5$ |
| 8 | $+4$ | $+13$ | | $4-(+1.5)=+2.5$ | $+1$ |
| 9 | $+2$ | $+15$ | | $2-(+1.5)=+0.5$ | $+1.5$ |
| 10 | $+3$ | $+18$ | | $3-(+1.5)=+1.5$ | $+3$ |
| 11 | $+2$ | $+20$ | | $2-(+1.5)=+0.5$ | $+3.5$ |
| 12 | $-2$ | $+18$ | | $-2-(+0.5)=-3.5$ | 0 |
| | 修正值 $k=\dfrac{\sum_1^z \Delta_i}{z}=\dfrac{+18}{12}=+1.5$ | | | $\Delta f_{pt}=\pm 3.5$ | |
| | | | | $\Delta F_{pt}=+3.5-(-6.5)=10$ | |

① 按顺序将测出的各齿齿距相对于测量基准的误差值即读数值记录在测量结果表中。

② 将读数值累加（$\Delta_i$）求出平均齿距误差即修正值：

$$k=\frac{\sum_1^z \Delta_i}{z}=\frac{+18}{12}=+1.5$$

③齿距误差为 $\Delta f_{pt}$，是指在分度圆上的实际齿距与公称齿距之差。用相对法测量时，公称齿距是指所有实际齿距的平均值。故此例齿距误差的最大值在第 6 齿序上，其值为 +3.5μm（第 12 齿序为 -3.5μm）。

④按齿距累积总误差 $\Delta F_p$ 的定义，应为在分度圆上任意两同侧齿面间的实际弧长与公称弧长之差的最大绝对值。故此例在第 5～第 11 齿序上为

$$\Delta F_p = +3.5\mu m - (-6.5)\mu m = 10\mu m.$$

(2) 作图法见图 6-4，顺序如下。

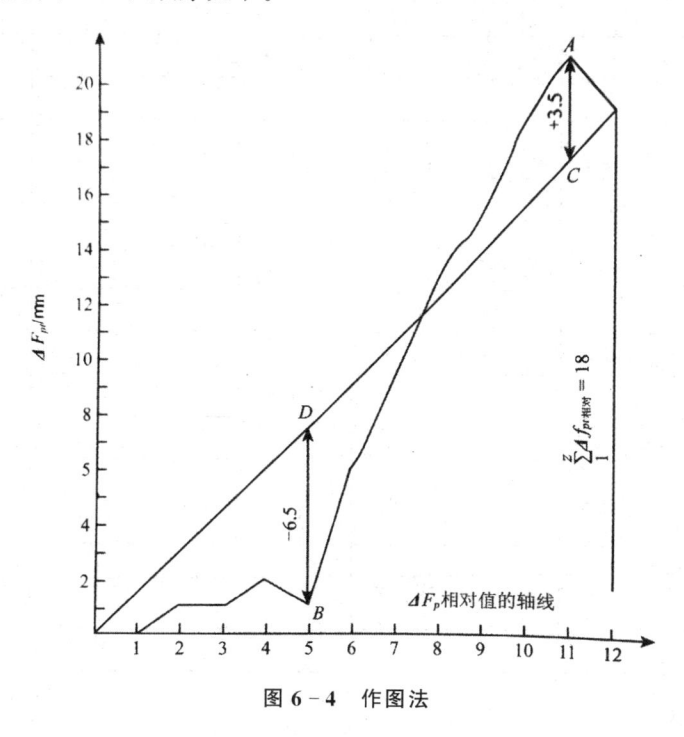

图 6-4 作图法

①以横坐标代表齿序，纵坐标为齿距累积误差 $\Delta F_p$；将各齿的 $\Delta f_{pt相对}$（读数值以前一齿为起点）直接标在坐标图上。

②绘出如图 6-4 所示的折线，最后连接首尾两点，该线便是该齿轮齿距累计总误差的相对坐标轴线，然后从折线的最高点 A 和最低点 B 分别向此斜线作平行于纵坐标的直线，和斜线相交于 C 点和 D 点，AC 和 BD 两线段之和即为最大齿距累计总误差值：$\Delta F_p = +3.5\mu m - (-6.5)\mu m = 10\mu m$。

## 五、数据处理及结论

1. 量仪名称及规格

量仪名称_____ 量仪测量范围_____

指示表分度值_____

2. 被测工件

模数 $m$ _____ mm 齿数 $z$ _____ 标准压力角 $\alpha$ _____

单个齿距误差允许值 $\Delta f_{pt} \pm$ _____ μm 齿距累计总误差允许值 $\Delta F_p$ _____ μm

3. 测量数据及其处理

| 齿序 | 读数值 $\Delta_i$ | 读数累加 $\Delta\sum\Delta_i$ | 修正值 | $\Delta f_{pt}$ | $\Delta F_{pt}$ |
|---|---|---|---|---|---|
| 1 | | | | | |
| 2 | | | | | |
| 3 | | | | | |
| 4 | | | | | |
| 5 | | | | | |
| 6 | | | | | |
| 7 | | | | | |
| 8 | | | | | |
| 9 | | | | | |
| 10 | | | | | |
| 11 | | | | | |
| 12 | | | | | |
| 13 | | | | | |
| 14 | | | | | |
| 15 | | | | | |
| 16 | | | | | |
| 17 | | | | | |
| 18 | | | | | |
| 19 | | | | | |
| 20 | | | | | |

数据处理结果：

各个齿距的单个齿距误差中的最大值 $\Delta f_{pt\max}$ _____ $\mu m$

齿距累及总误差 $\Delta F_p =$ _____ $\mu m$

4. 合格性判断及缘由

## 实训二十四　齿轮径向跳动的测量

### 一、实训目的

1. 了解齿轮径向跳动检查仪的结构并熟悉其使用方法
2. 加深对齿轮径向跳动定义的理解

## 二、实训设备

齿轮径向跳动测量仪

## 三、仪器结构及工作原理

齿轮径向跳动测量仪的外形如图 6-5 所示。测量时，把盘形齿轮用心轴安装在顶尖架的两个顶尖之间（该齿轮的基准孔与心轴成无间隙配合，用心轴模拟体现该齿轮的基准轴线），或把齿轮轴直接安装在两个顶尖之间。指示表的位置固定后，使安装在指示表测杆上的球形测头或锥形测头在齿槽内与齿高中部双面接触。测头的尺寸大小应与被测齿轮的模数协调，以保证测头在接近齿高中部时与齿槽双面接触。用测头依次逐齿槽地测量它相对于齿轮基准轴线的径向位移，该径向位移由指示表的示值反映出来。指示表的最大示值与最小示值之差即为齿轮径向跳动 $\Delta F_r$ 的数值。

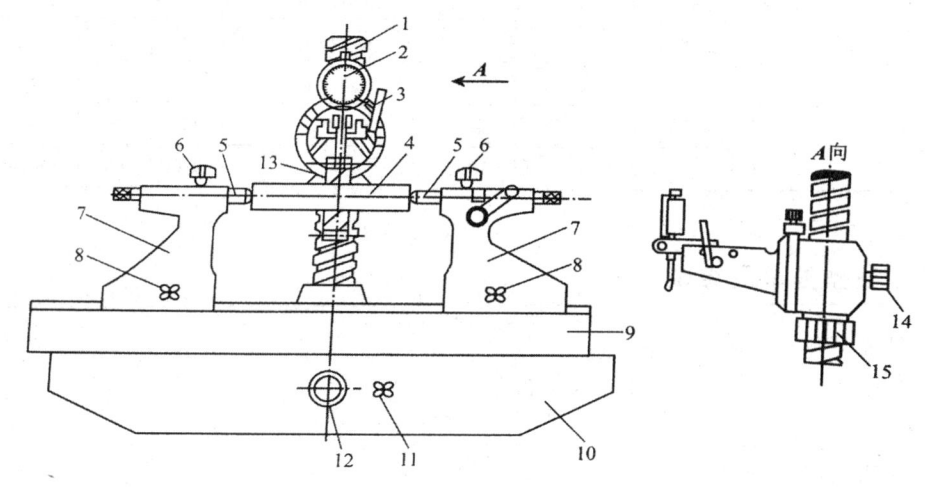

1—圆柱；2—指示表；3—指示表测量扳手；4—心轴；5—顶尖；6—顶尖锁紧螺钉；7—顶尖座；
8—顶尖座锁紧螺钉；9—滑台；10—底座；11—滑台锁紧螺钉；12—滑台移动手轮；
13—被测齿轮；14—指示表架锁紧螺钉；15—升降螺母

**图 6-5 齿轮径向跳动测量仪**

## 四、测量步骤

**1. 在量仪上调整指示表测头与被测齿轮的位置**

根据被测齿轮的模数，选择尺寸合适的测头，把它安装在指示表 2 的测杆上（实验时已装好）。把被测齿轮 13 安装在心轴 4 上（该齿轮的基准孔与心轴成无间隙配合），然后把该心轴安装在两个顶尖 5 之间。注意调整这两个顶尖之间的距离，使心轴无轴向窜动，且能转动自如。松开滑台锁紧螺钉 11，转动滑台移动手轮 12 使滑台 9 移动，从而使测头大约位于齿宽中间，然后再将滑台锁紧螺钉 11 锁紧。

**2. 调整量仪指示表示值零位**

放下指示表测量扳手 3，松开指示表架锁紧螺钉 14，转动升降螺母 15，使测头随表架下降到与某个齿槽双面接触，把指示表 2 的指针压缩（正转）1～2 转，然后将指示表架锁紧螺钉 14 紧固。转动指示表的表盘（分度盘），把表盘的零刻线对准指示表的指针，确定指示表的示值零位。

3. 测量

抬起指示表测量扳手 3，把被测齿轮 13 转过一个齿槽，然后放下指示表测量扳手 3，使测头进入齿槽内，与该齿槽双面接触，并记下指示表的示值。这样依次测量其余的齿槽，从各次示值中找出最大示值和最小示值，它们的差值即为齿轮径向跳动 $\Delta F_r$ 的数值。在回转一圈后，指示表的"原点"应不变（如有较大的变化需检查原因）。

4. 判断被测齿轮的合格性

查表 6-6 确定齿轮径向跳动公差 $F_r$，判断被测齿轮的合格性。

5. 清洗量仪、工件，整理现场

表 6-6 齿轮径向跳动公差 $F_r$ 值（摘自 GB/T 10095.2—2008）    $\mu m$

| 分度圆直径 $d$/mm | 法向模数 $m_n$/mm | 精度等级 | | | | | | | | | |
|---|---|---|---|---|---|---|---|---|---|---|---|
| | | 2 | 3 | 4 | 5 | 6 | 7 | 8 | 9 | 10 | 11 | 12 |
| $50<d\leqslant125$ | $1.5\leqslant m_n\leqslant2$ | 5.0 | 7.5 | 10 | 15 | 21 | 29 | 42 | 59 | 83 | 118 | 167 |
| | $2<m_n\leqslant3.5$ | 5.5 | 7.5 | 11 | 15 | 21 | 30 | 43 | 61 | 86 | 124 | 171 |
| | $3.5<m_n\leqslant6$ | 5.5 | 8.0 | 11 | 16 | 22 | 31 | 44 | 62 | 88 | 125 | 176 |

## 五、数据处理及结论

1. 量仪名称及规格

量仪名称_____    指示表分度值_____

量仪测量范围_____

2. 被测工件

被测齿轮的模数 $m$ _____ mm    被测齿轮的齿数 $z$ _____

被测齿轮的径向跳动公差 $F_r$ _____ $\mu m$

3. 测量数据及其处理

| 测头所在齿槽序号 | 指示表示值/$\mu m$ | 测头所在齿槽序号 | 指示表示值/$\mu m$ | 测头所在齿槽 | 指示表示值/$\mu m$ |
|---|---|---|---|---|---|
| 1 | | 11 | | 21 | |
| 2 | | 12 | | 22 | |
| 3 | | 13 | | 23 | |
| 4 | | 14 | | 24 | |
| 5 | | 15 | | 25 | |
| 6 | | 16 | | 26 | |
| 7 | | 17 | | 27 | |
| 8 | | 18 | | 28 | |
| 9 | | 19 | | 29 | |
| 10 | | 20 | | 30 | |

指示表最大示值_____μm；指示表最小示值_____μm

被测齿轮径向跳动误差 $\Delta F_r$_____

**4. 合格性判断及缘由**

---

## 实训二十五　齿轮公法线长度误差的测量

### 一、实训目的

1. 熟悉公法线千分尺的结构和使用方法
2. 掌握测量齿轮公法线长度的方法
3. 加深理解齿轮公法线长度误差的定义

### 二、实训设备

公法线千分尺

### 三、仪器结构及其工作原理

公法线长度 $W$ 是指与两异名齿廓相切的两平行平面间的距离（图 6-6），该两切点的连线切于基圆，因而选择适当的跨齿数，则可使公法线长度在齿高中部量得。与测量齿厚相比较，测量公法线长度时测量精度不受齿顶圆直径误差和齿顶圆柱面对齿轮基准轴线的径向圆跳动的影响。

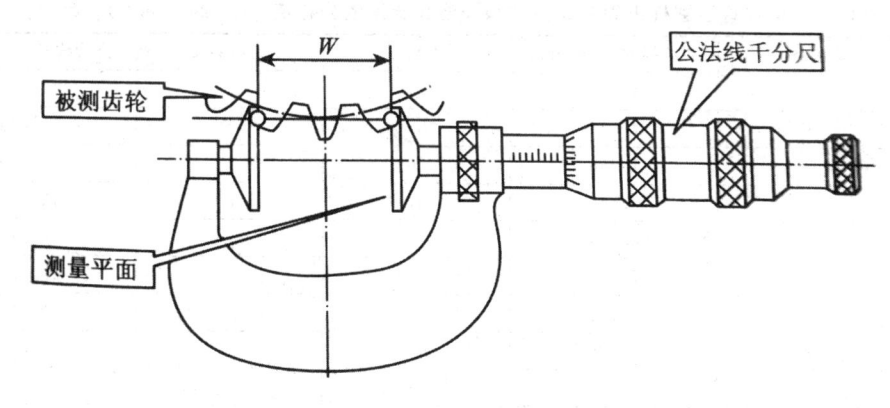

图 6-6　公法线千分尺

根据不同精度的齿轮，齿轮公法线长度可用游标卡尺、公法线百分尺、公法线指示卡规和专用公法线卡规等任何具有两平行平面量脚的量具或仪器进行测量,但必须使量脚能插进被测齿轮的齿槽内,与齿侧渐开线面相切。

公法线长度误差 $\Delta E_w$ 是指实际公法线长度与公称公法线长度 $W_k$ 之差,直齿轮的公称公法线长度按公式计算或查表取得。

### 四、测量步骤

(1) 根据被测齿轮参数和精度及齿厚要求按公式(6-1)、式(6-2)、式(6-3)计算或查表 6-7 确定 $W$、$k$、$E_{bns}$、$E_{bni}$ 的值。

① 计算直齿圆柱齿轮公法线长度 $W$ 的公式为

$$W = m\cos x [\pi(n-0.5) + zinv\alpha_f] + \xi m \sin\alpha \tag{6-1}$$

式中:$m$ 为被测齿轮的模数,mm;$\alpha_f$ 为标准压力角;$z$ 为被测齿轮齿数;$n$ 为跨齿数($n \approx \frac{\alpha_f}{\pi} + 0.5$,取整数)。

当 $\alpha = 20°$,变位系数 $\xi = 0$ 时,则

$$W = m[1.476(2n-1) + 0.014z]$$
$$n = 0.111z + 0.5$$

② 公法线平均长度的上误差及下误差的计算:

$$上误差\ E_{bns} = E_{sns}\cos\alpha - 0.72F_r\sin\alpha \tag{6-2}$$

$$下误差\ E_{bni} = E_{sni}\cos\alpha + 0.72F_r\sin\alpha \tag{6-3}$$

式中:$E_{sns}$ 为齿厚的上误差;$E_{sni}$ 为齿厚的下误差;$F_r$ 为齿圈径向跳动公差;$\alpha$ 为压力角。

(2) 熟悉量具,并调试(或校对)零位:用标准校对棒放入公法线千分尺的两测量面之间校对"零"位,记下校对格数。

(3) 跨相应的齿数,沿着轮齿三等分的位置测量公法线长度,记入实验报告。

(4) 整理测量数据,并做适用性结论。

(5) 检测结束,清洗量具,整理现场。

表 6-7 标准直齿圆柱齿轮的跨齿数和公法线长度的公称值($\alpha = 20°$, $m=1$, $\xi=1$)

| 齿数 $z$ | 跨齿数 $k$ | 公法线长度 $W$/mm | 齿数 $z$ | 跨齿数 $k$ | 公法线长度 $W$/mm |
|---|---|---|---|---|---|
| 17 | 2 | 4.666 | 34 | 4 | 10.809 |
| 18 | 3 | 7.632 | 35 | 4 | 10.823 |
| 19 | 3 | 7.646 | 36 | 5 | 13.789 |
| 20 | 3 | 7.660 | 37 | 5 | 13.803 |
| 21 | 3 | 7.674 | 38 | 5 | 13.817 |
| 22 | 3 | 7.688 | 39 | 5 | 13.831 |
| 23 | 3 | 7.702 | 40 | 5 | 13.845 |
| 24 | 3 | 7.716 | 41 | 5 | 13.859 |
| 25 | 3 | 7.730 | 42 | 5 | 13.873 |
| 26 | 3 | 7.744 | 43 | 5 | 13.887 |
| 27 | 4 | 10.711 | 44 | 5 | 13.901 |

续表

| 齿数 | 跨齿数 k | 公法线长度 W/mm | 齿数 z | 跨齿数 k | 公法线长度 W/mm |
|---|---|---|---|---|---|
| 28 | 4 | 10.725 | 45 | 5 | 16.867 |
| 29 | 4 | 10.739 | 46 | 6 | 16.881 |
| 30 | 4 | 10.753 | 47 | 6 | 16.895 |
| 31 | 4 | 10.767 | 48 | 6 | 16.909 |
| 33 | 4 | 10.781 | 49 | 6 | 16.923 |
| 33 | 4 | 70.795 | | | |

### 五、数据处理及结论

1. 量仪名称及规格

量仪名称_____ 量仪测量范围_____

量仪分度值_____

2. 被测工件

模数_____mm 齿数 z_____ 标准压力角 $\alpha$_____

测量时跨齿数的计算公式及数值_____

公称公法线长度的计算公式及数值 W_____

公称公法线长度上误差：_____

公称公法线长度下误差：_____

3. 测量数据及其处理

| 序号 | 1 | 2 | 3 | 4 | 5 | 6 | 7 | 8 |
|---|---|---|---|---|---|---|---|---|
| 实际公法线 | | | | | | | | |
| 公称公法线 | | | | | | | | |
| 公法线误差 | | | | | | | | |

4. 合格性判断及缘由

| |
|---|
| |

## 实训二十六　齿轮齿厚误差的测量

### 一、实训目的

1. 熟悉齿厚游标卡尺的结构和使用方法
2. 掌握齿轮分度圆公称弦齿高和公称弦齿厚的计算

3. 掌握齿厚误差的测量方法
4. 加深理解齿厚误差的定义

## 二、实训设备

齿厚游标卡尺

## 三、仪器结构及工作原理

为保证齿轮在传动中形成有侧隙的传动，实现的办法是在加工齿轮时，将齿条刀具由公称位置向齿轮中心做一定位移，使加工出来的轮齿的齿厚也随之减薄，从而保证齿轮有侧隙的传动。这可通过测量齿厚来反映齿轮传动时齿侧间隙大小，通常是测量分度圆上的弦齿厚。分度圆弦齿厚可用齿轮游标卡尺，以齿顶圆作为测量基准来测量（图6-7）。测量时，所需数据可按公式计算或查表。

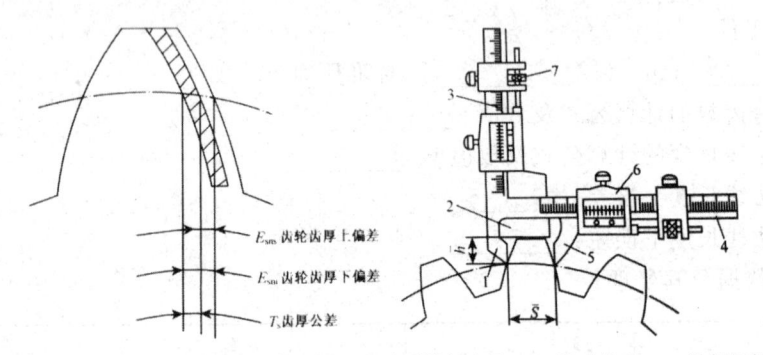

1—固定量爪；2—高度定位尺；3—垂直游标尺高度板；4—水平游标卡尺；5—活动量爪；6—游标框架；7—调整螺母

图6-7 齿厚游标卡尺测分度圆齿厚

用齿轮游标卡尺测量齿厚误差，是以齿顶圆为基础的。当齿顶圆直径为公称值时，直齿圆柱齿轮分度圆处的弦齿高 $h_f$ 和弦齿厚 $S_f$ 由图6-7可得

$$h_f = h' + x = m + \frac{zm}{2}\left(1 - \cos\frac{90°}{z}\right) \tag{6-4}$$

$$S_f = zm\sin\frac{90°}{z} \tag{6-5}$$

式中：$m$ 为齿轮模数，mm；$z$ 为齿轮齿数。

## 四、测量步骤

（1）根据被测齿轮的参数和对齿轮的精度要求，按公式（6-4）和公式（6-5）计算或查表6-8。

（2）用外径千分尺测量齿轮齿顶圆实际直径 $d_{a实际}$，按 $\left[\overline{h} + \frac{1}{2}(d_{a实际} - d_a)\right]$ 修正 $\overline{h}$ 值，得 $\overline{h'}$。

（3）按 $\overline{h'}$ 值调整垂直游标卡尺高度板3的位置，然后将其游标加以固定。

（4）将齿厚游标卡尺置于被测轮齿上，使垂直游标尺的高度板3与齿轮齿顶可靠地接触。然后移动水平游标尺 4 的量爪，使它和另一量爪分别与轮齿的左、右齿面接触（齿轮齿顶与垂直游标尺的高度板 3 之间不得出现空隙），从水平游标尺 4 上读出弦齿厚实际值 $\overline{S}_{实际}$。

在相对 180°分布的两个齿上测量。测得的齿厚实际值 $\overline{S}_{实际}$ 与齿厚公称值 $\overline{S}$ 之差即为齿厚误差 $\Delta E_{sn}$。取其中的最大值和最小值作为测量结果。按实验报告要求将测量结果填入报告内。

（5）按齿轮图上给定的齿厚上误差 $E_{sns}$ 和下误差 $E_{sni}$（$E_{sni} \leqslant \Delta E_{sn} \leqslant E_{sns}$），判断被测齿轮的合格性。

（6）完成检测报告，分析与评定检测结果。

（7）擦净量仪及工具，整理现场。

为了使用方便，按式（6-4）、式（6-5）计算出模数为 1mm 各种不同齿数的齿轮的 $\overline{h}$ 和 $\overline{S}$，列于表 6-8 中。

表 6-8  $m=1mm$ 时标准齿轮分度圆公称弦齿高 $\overline{h}$ 和公称弦齿厚 $\overline{S}$ 的数值

| 齿数 $z$ | $\overline{h}$/mm | $\overline{S}$/mm | 齿数 $z$ | $\overline{h}$/mm | $\overline{S}$/mm | 齿数 $z$ | $\overline{h}$/mm | $\overline{S}$/mm |
|---|---|---|---|---|---|---|---|---|
| 17 | 1.0363 | 1.5686 | 28 | 1.0220 | 1.5700 | 39 | 1.0158 | 1.5704 |
| 18 | 1.0342 | 1.5688 | 29 | 1.0212 | 1.5700 | 40 | 1.0154 | 1.5704 |
| 19 | 1.0324 | 1.5690 | 30 | 1.0205 | 1.5701 | 41 | 1.0150 | 1.5704 |
| 20 | 1.0308 | 1.5692 | 31 | 1.0199 | 1.5701 | 42 | 1.0146 | 1.5704 |
| 21 | 1.0294 | 1.5693 | 32 | 1.0193 | 1.5702 | 43 | 1.0143 | 1.5704 |
| 22 | 1.0280 | 1.5694 | 33 | 1.0187 | 1.5702 | 44 | 1.0140 | 1.5705 |
| 23 | 1.0268 | 1.5695 | 34 | 1.0181 | 1.5702 | 45 | 1.0137 | 1.5705 |
| 24 | 1.0257 | 1.5696 | 35 | 1.0176 | 1.5703 | 46 | 1.0134 | 1.5705 |
| 25 | 1.0247 | 1.5697 | 36 | 1.0171 | 1.5703 | 47 | 1.0131 | 1.5705 |
| 26 | 1.0237 | 1.5698 | 37 | 1.0167 | 1.5703 | 48 | 1.0128 | 1.5705 |
| 27 | 1.0228 | 1.5698 | 38 | 1.0162 | 1.5703 | 49 | 1.0126 | 1.5705 |

## 五、数据处理及结论

1. 量仪名称及规格

齿厚量具名称_____   量具测量范围_____

垂直游标尺分度值_____   水平游标卡尺分度值_____

齿顶圆量具名称_____   量具测量范围_____

量具分度值_____

2. 被测工件

模数 $m$ _____ mm   齿数 $z$ _____   标准压力角 $\alpha$ _____

齿顶圆公称直径径 $d_a$ _____ mm   分度圆公称弦齿高 $h_{nc}$ _____ mm

分度圆公称弦齿厚 $S_{nc}$ _____ mm   齿厚极限误差_____ mm

齿顶圆实际直径测量：

齿顶圆实际直径 $d_a$ _____ mm

齿厚量具的垂直游标卡尺弦齿高调整尺寸 _____ mm

3. 测量数据及其处理

| 齿序号 | 1 | 2 | 3 | 4 | 5 | 6 | 7 | 8 | 9 | 10 |
|---|---|---|---|---|---|---|---|---|---|---|
| 实际齿厚 | | | | | | | | | | |
| 公称齿厚 | | | | | | | | | | |
| 齿厚误差 | | | | | | | | | | |
| 齿序号 | 11 | 12 | 13 | 14 | 15 | 16 | 17 | 18 | 19 | 20 |
| 实际齿厚 | | | | | | | | | | |
| 公称齿厚 | | | | | | | | | | |
| 齿厚误差 | | | | | | | | | | |

# 第七章

# 精密测量

## 实训二十七 用智能测高仪综合测量长度、角度参数

### 一、实训目的

1. 掌握智能测高仪的测量原理及数据处理方法
2. 会使用智能测高仪进行相关高度、角度的智能测量

### 二、实训设备

智能测高仪

### 三、仪器结构及工作原理

智能测高仪结构如图 7-1 所示,该仪器是一款多功能电脑高度测量仪。铸铝底座保证了仪器的高度稳定性,外罩内的立柱配有导轨系统并和底座垂直。将光栅技术用于直线导轨运动系统,测头由电机控制,在此导轨上移动并由位移传感器记录其位置,自动接触工件表面,自动找拐点,实现自动测量,其测量范围大,测量精度高。应用嵌入式技术系统设计,自动寻找曲面极值点。实时的温度补偿保证测量系统精度准确,动态测头提高了重复的测量精度。底座为三点气浮,依靠高压空气将仪器整个悬空托起,使之作无阻力快速运动,在车间现场使用时可以防止液体和灰尘的进入,仪器使用寿命长。

仪器所配的数显控制面板使用全液晶显示触摸屏,有操作提示,用户可根据提示进行操作。配用鼠标,可通过 USB 口进行数据保存。

### 四、仪器软件的使用和测量方法

#### (一) 仪器软件界面使用

1. 语言的选择

打开电源开关,等待系统和程序初始化完毕,初始化完成后,出现语言选择界面,选择一种需要显示的语言,如图 7-2 所示,然后进入主测量界面。如果没有选择语言,30 秒之后自动关闭语言选择界面,并使用上次的语言选择设置。

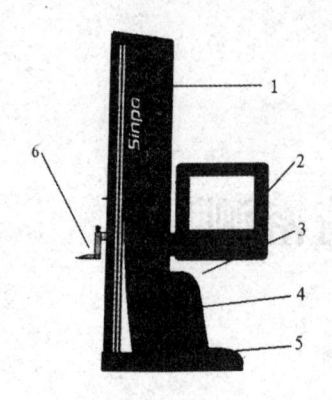

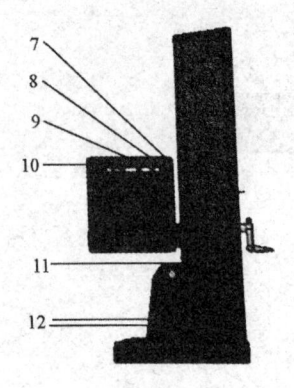

1—立柱；2—数显表；3—探针（测头）上下控制按钮；4—手柄；5—底座；6—探针（测头）；7—电源接口；
8—信号接口；9—光栅信号接口；10—USB接口（两个）；11—气浮按钮；12—电源开关及插头

**图 7-1　智能测高仪结构**

*注：仪器在使用充电器充电时请将电源开关关闭，电池充电接口和电源插头为同一插头。

### 2. 回机台原点

进入主测量界面后，机台会自动往下寻找机械零位，如图 7-3 所示，直到找到零点后机台自动停止。

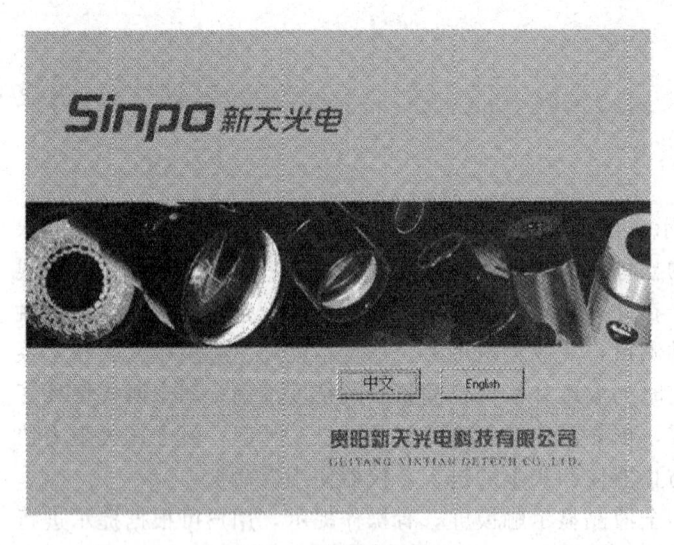

**图 7-2　语言选择界面**　　　　　　　　　**图 7-3　"回机台原点"界面**

### 3. 主测量界面

如图 7-4 所示，按提示执行相应的动作，完成相关的测量。

### 4. 探球校准（取点总数：2）

先准备一块标准块规，在"系统设置"里设置好探针校正块的高度，点击"探球校准"按钮，然后按机台的向上或向下按钮，当探针充分接触到工件表面后，程序自动取第一点，如果取点合格，则程序会发出"嘟嘟"两声短叫。（如果取点不合格，则发出"嘟——"一声长响，此时请到"系统设置"里检查电机速度和探针压力是否设置正确，设置好后再重

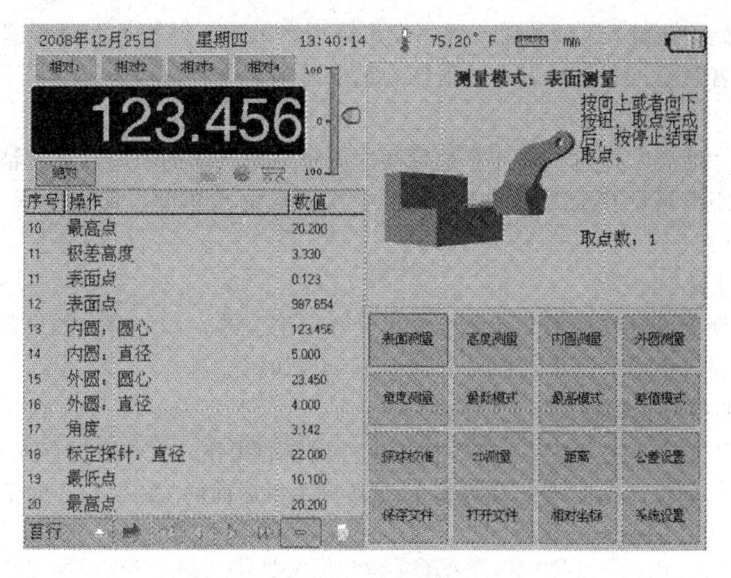

图 7-4 主测量界面

新操作)。此时按机台的停止键回退一段距离,再按机台的向上或者向下按钮,用同样的方法进行第二点的采集,当两点采集完成后,程序自动计算出探针的校正值,并将探针的直径显示在资料窗格中。

5. 表面测量(取点总数:1)

点击"表面测量"按钮,然后按机台的向上或向下按钮,当探针充分接触到工件表面后,程序自动取点,并在资料区窗格中显示表面位置。

6. 高度测量(取点总数:2)

点击"高度测量"按钮,然后按机台的向上或向下按钮,当探针充分接触到工件表面后,程序自动取第一点,此时按机台的停止键。再按机台的向上或者向下按钮,用同样的方法进行第二点的采集,当两点采集完成后,程序自动计算两点间的高度差。

7. 内圆测量、外圆测量(取点总数:2)

点击"内圆测量"或"外圆测量"按钮,然后按机台的向上或向下按钮,当探针充分接触到工件表面时,程序会发出第一声短叫,此时开始计时,在 5 秒钟内移动机台使探针沿着圆的表面运动,并保持探针和圆的表面始终接触,5 秒钟后,程序发出第二声短叫,并根据测量内圆还是外圆,决定往上运动还是往下运动,自动取最低或者最高点作为第一个点。再按同样的方法取第二个点,程序自动计算出圆的圆心位置和直径。

8. 角度测量(取点总数:2)

请先准备一块标准块规,并在"系统设置"里设置好角度校正块宽度,然后点击"角度测量"按钮,按机台的向上或向下按钮,当探针充分接触到工件表面后,程序会自动取第一点,此时按停止键。再将标准块放到高度测量仪和工件之间,并靠紧。再按机台的向上或向下按钮进行第二点的采集,采集完后程序会自动计算出工件的角度。

9. 最低模式测量、最高模式测量、差值模式测量(取点总数:1)

按下相应按钮后,按机台的向上或向下按钮,当探针充分接触到工件表面时,程序会发出第一声短叫,此时开始计时,在 5 秒钟内移动机台使探针沿着工件的表面运动,并保持探针和表面始终接触，5秒钟后，程序发出第二声短叫，并根据测量模式，自动取最低点、最高点或者最低点和最高点的差值作为结果显示在资料窗格中。

10. 距离

每按一次"距离"按钮，将计算最后两次测量结果之间的距离（某些情况下，两次测量结果之间的距离是没有意义的，比如最后一次测量的是角度，那么按下"距离"按钮，将没有任何反应）。

11. 公差设置

该功能可预先设置好各项尺寸的标准尺寸和上下公差，测量时，如果测量结果超出了公差值，则资料窗格中的结果会以特殊颜色显示（如粉红色）。

12. 数据的打开和保存

点击"打开文件"或"保存文件"按钮进行相应的操作，文件可保存到本机 Flash 或者保存到 U 盘上（如保存到 U 盘，请先将 U 盘接到主机后面的 USB 口），如图 7-5 所示。

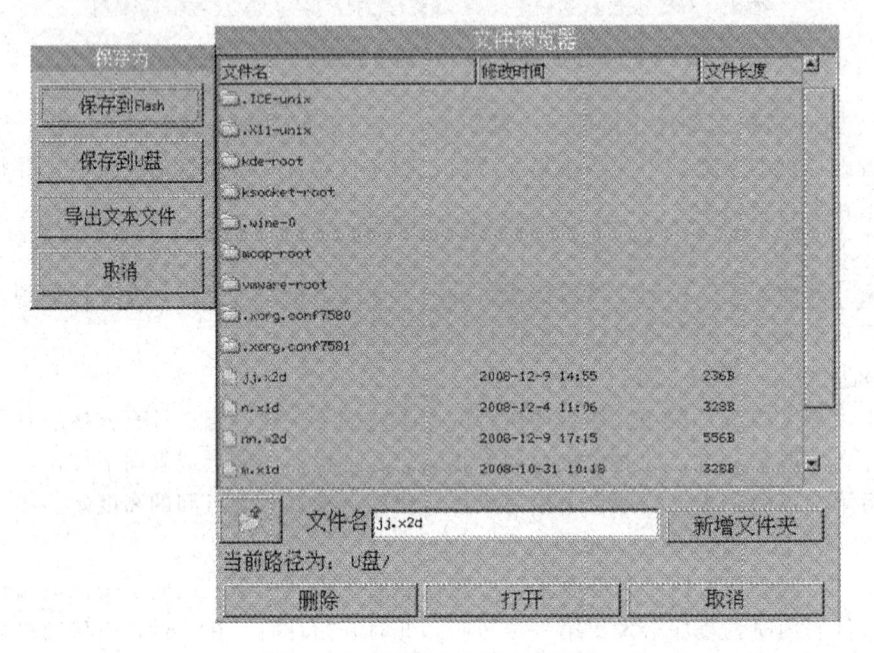

图 7-5 数据的打开和保存界面

（二）测量方法

1. 相对坐标设置

系统可以保存 4 个参考点坐标，用户可以切换不同的参考点，来进行各种测量，如图 7-6 所示。

2. 2D 测量（取点总数：任意）

点击"2D 测量"按钮，将会弹出"2D 测量"对话框，如图 7-7 所示。

进行 Y 方向的测量，根据实际工件选择内圆

图 7-6 相对坐标设置界面

## 第七章 精密测量

或者外圆模式,选择好后直接用测量内圆和外圆的方法进行取点,当所有圆的 Y 方向都测量完后,请按"结束 Y 方向的测量"按钮。Y 方向测量完成后,系统会询问旋转角度。请将工件旋转一定的角度后,然后输入准确的旋转角度(该角度可以是 0°~180°,向操作者方向的转动为正方向;转动的数值不要太小或太大,90°为最佳),如图 7-8 所示。

图 7-7  2D 测量界面

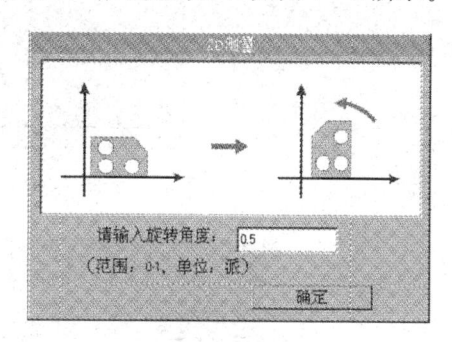

图 7-8  设置旋转角度界面

设置好旋转角度后进入 X 方向的测量,按照测量 Y 方向时的顺序依次测量每一个圆(必须确保顺序一致,否则测量结果不正确),测量完毕后程序将弹出"2D 测量"对话框,如图 7-9 所示。

图 7-9  "2D 测量"对话框

(1)手动输入点。可以手动输入一个虚拟点来进行辅助运算,如图 7-10 所示。

(2)生成直线。选择需要拟合直线的各个点,然后点击"确定"按钮,程序会拟合出一条直线,并给出此直线的长度和直线度,如图 7-11 所示。

(3)生成圆。选择需要拟合圆的各个点,然后点击"确定"按钮,程序会拟合出一个圆,并给出此圆的圆心坐标、直径等参数,如图 7-12 所示。

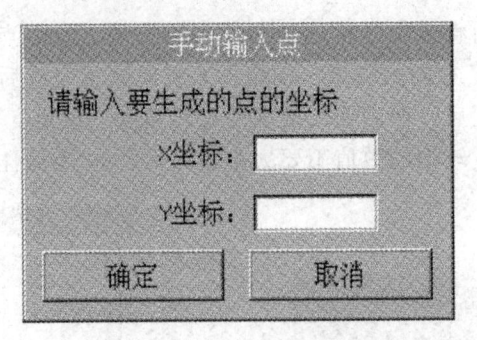

图 7-10 手动输入点界面

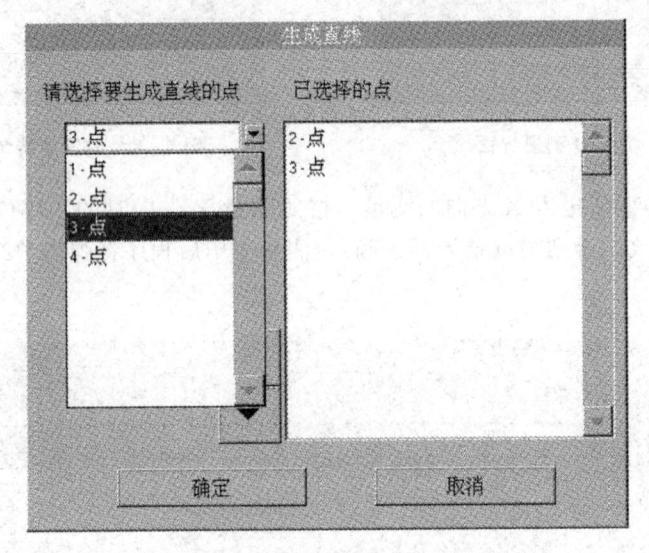

图 7-11 "生成直线"对话框

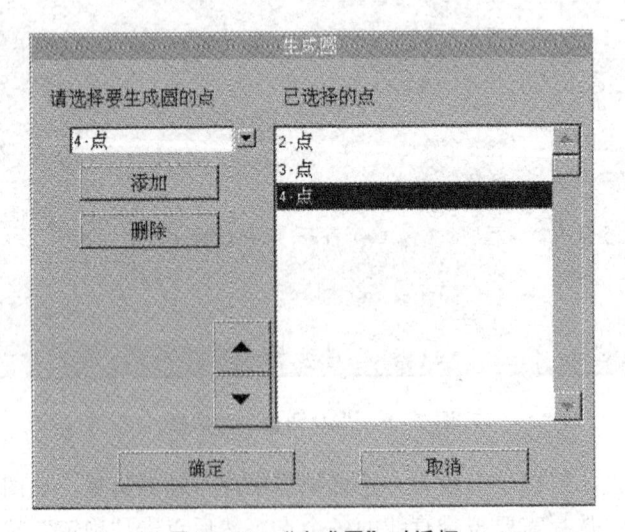

图 7-12 "生成圆"对话框

（4）计算角度。选择各项子功能，再按对话框的指示进行操作，来进行各种角度的计算，如图 7-13 所示。

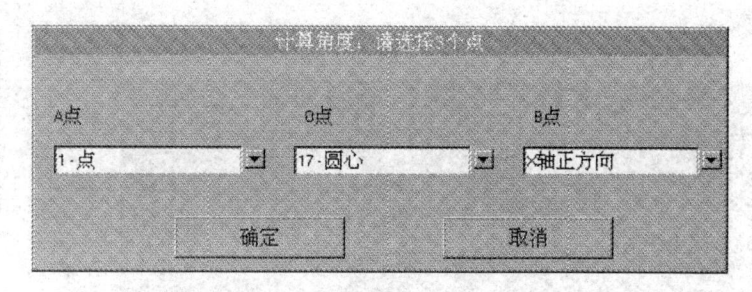

图 7-13 "计算角度"对话框

(5) 计算距离。选择各项子功能，再按对话框的指示进行操作，来进行各种距离的计算，如图 7-14 所示。

(6) 坐标平移。将目前相对坐标原点移动到另一个点，或者移动一个偏移量，如图 7-15 所示。

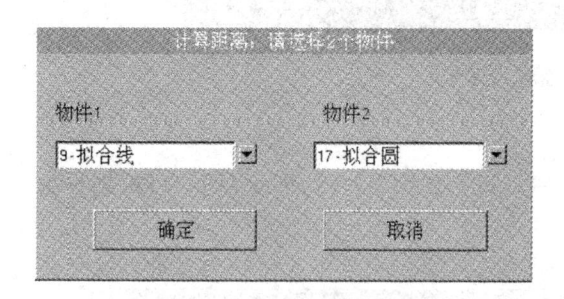

图 7-14 "计算距离"对话框

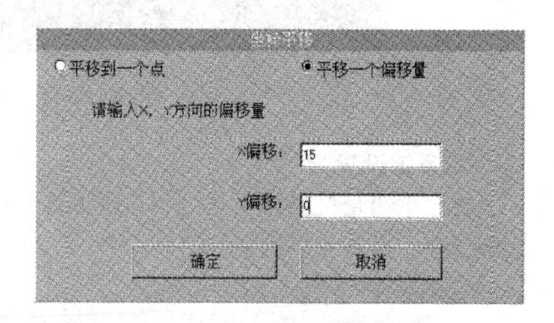

图 7-15 "坐标平移"对话框

(7) 坐标旋转。将目前相对坐标进行旋转，如图 7-16 所示。

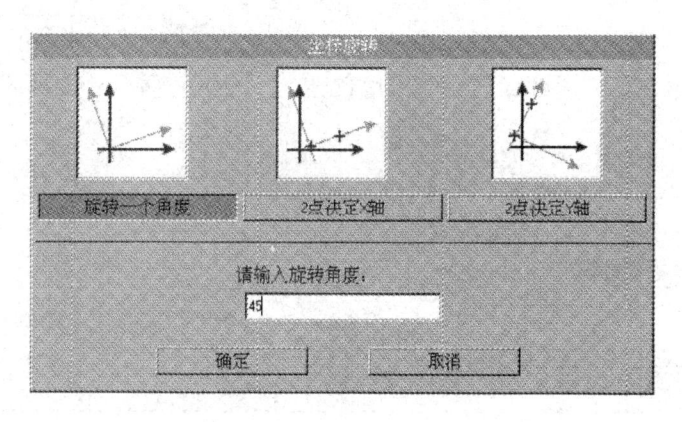

图 7-16 "坐标选择"对话框

(8) 卡笛儿坐标和极坐标切换。点击此按钮可在卡笛儿坐标和极坐标之间切换。

(9) 绝对坐标和相对坐标切换。点击此按钮可在绝对坐标和相对坐标之间切换。

(10) 查看绘图。点击此按钮可在绘图模式和列表模式之间切换，列表模式可显示各元素的参数，如直径、长度等，绘图模式可显示实际的工件外形图，如图 7-17 所示。

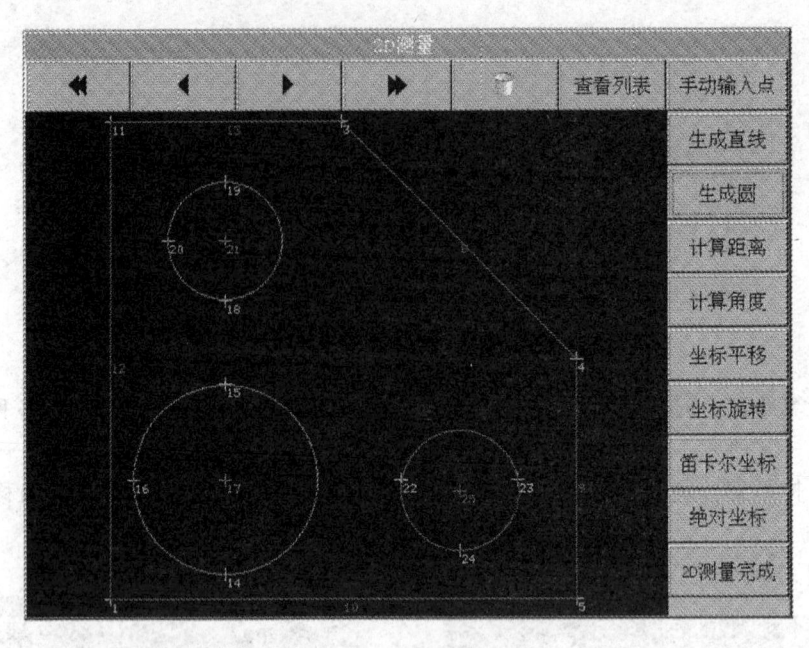

图 7-17 绘图模式界面

**3. 系统设置**

在"主测量"界面中点击"系统设置"按钮,进入如图 7-18 所示界面,可根据设备实际情况,进行相应设置。

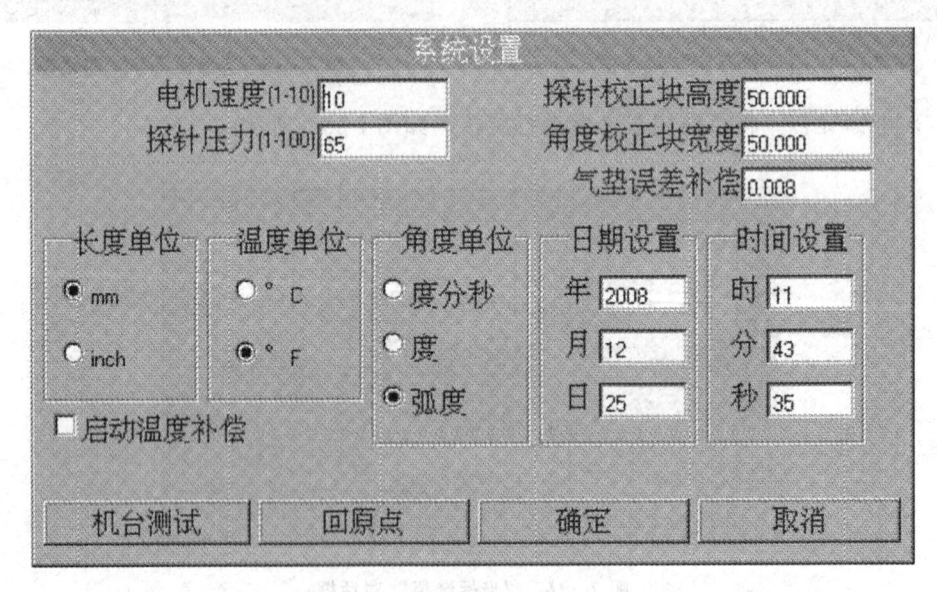

图 7-18 "系统设置"界面

## 五、测量步骤

仪器使用的是接触式测量。

(1) 将工件擦洗干净，放在测量平台上。

(2) 利用仪器上的气浮按钮将仪器移至合适位置，使探针上下移动可接触工件测量面，测量过程中按仪器上的上、下、停三个按钮来移动探针，使探针充分接触到工件测量面，仪器会根据数显表上设置的操作模式自动取数，取点成功时数显表提示绿灯，发出两声短叫，若取点不合格则提示红灯，发出一声长叫。取点完成后需按"停止"按钮，以结束本次取点操作，然后再进行下一次取点操作。

(3) 仪器使用的是液晶显示触摸屏数显表，显示屏上有简单的操作提示，并且会将操作模式及计算结果显示在窗口中。

## 六、数据处理及结论

1. 量仪名称及规格

量仪名称_____   指示表分度值_____

量仪测量范围_____

2. 被测工件

被测工件名称_____   被测工件技术要求_____

3. 测量数据及其处理

| 测量数据图形 |
|---|
|  |

4. 合格性判断及缘由

|  |
|---|
|  |

# 实训二十八　数据处理万能测长仪综合测量

## 一、实训目的

1. 掌握数字式万能测长仪的测量原理及数据处理方法
2. 会使用完能测长仪进行相关高度的智能测量

## 二、实训设备

数字式万能测长仪

### 三、仪器结构及工作原理

数字式万能测长仪结构如图7-19所示。数字式万能测长仪是一种用于绝对测量和相对测量的长度计量仪器，因其精确地应用了阿贝比较原理，并采用了高精密的测量系统，因而具有较高的测量精度。该仪器主要应用于金属加工工业，特别是应用于机器制造、工具及量具制造和仪器制造等领域。

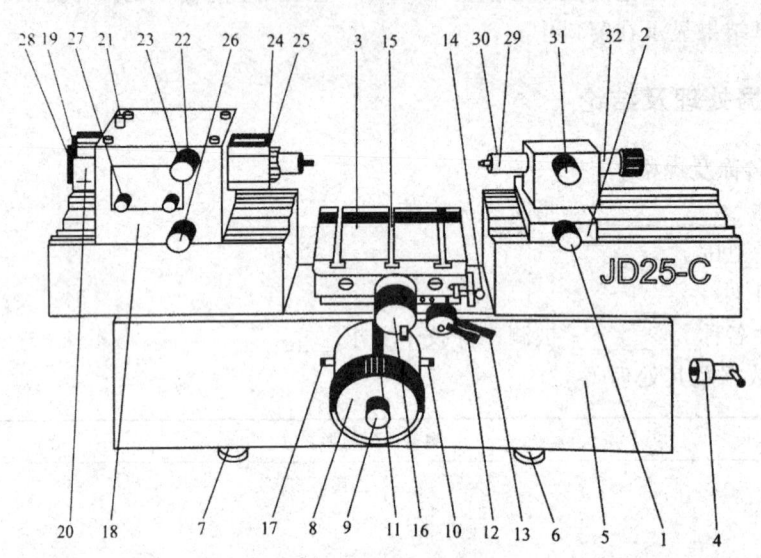

1—尾管固紧螺钉；2—尾座；3—万能工作台；4—工作台平衡调节扳手；5—底座；6，7—底脚螺丝；8—工作台升降锁紧手轮；9—工作台升降手轮；10—工作台升降下限设定螺钉；11—工作台升降高度刻度盘；12—工作台摆动锁紧手柄；13—工作台摆动调节手柄；14—工作台转动调节手柄；15—"T"型槽；16—工作台测微鼓；17—工作台升降上限设定螺钉；18—阿贝测量头；19—外测张力索夹头；20—测量主轴；21—测量主轴锁紧螺钉；22—测量主轴微动机构啮合手轮；23—测量主轴微动手轮；24—内测张力索夹头；25—测量主轴前端锁紧螺母；26—阿贝测量头固紧螺钉；27—重锤门开关；28—测量主轴后端锁紧螺母；29，30—尾管测帽固定轴调节螺钉；31—尾管固紧螺钉；32—尾管

图7-19 数字式万能测长仪主机外形图

JD25-C数据处理万能测长仪采用光栅数显技术，是光、机、电（算）一体化的高技术产品，大大提高了仪器的准确性和操作效率。同时，又增加了多种附件，提高了其"万能性"。

本仪器是接触式长度计量仪器，仪器测量基准是有效刻划长度为100mm光栅尺，设计中把它安放在阿贝测轴的中心线上，这一设计符合阿贝原则。工作台有五个自由度运动，附有内测钩，电测装置等专门附件，可完成工件内、外尺寸测量，这些都与传统的万能测长仪一致。

### 四、测量步骤

#### （一）测量步骤

1. 进入主菜单

其菜单见表7-1，按屏幕下方提示即可选择相应的功能。

## 第七章 精密测量

表 7-1 数字式测长仪功能主菜单

| 数据操作 | 找转折点 | 示值修正 | 光滑件测量 | 螺纹件测量 | 其他 |
|---|---|---|---|---|---|
| 键盘输入数据<br>主显示窗<br>数据管理 | 提示式<br>定格式 | 温度修正<br>示值总修正量<br>数显当量选择 | 外尺寸绝对测量<br>外尺寸比较测量<br>电眼法测孔径<br>双钩法测内尺寸<br>准确度检定 | 外螺纹工作测量<br>内螺纹工作测量 | 档案查询<br>推出运行软件 |
| →←↑↓ 选项 | | | Enter—确认 Esc—退出当前窗口 | | |

**2. 进入主显示窗口**

若需进入主显示窗，可选"主显示窗"项，显示屏幕如图 7-20 所示。

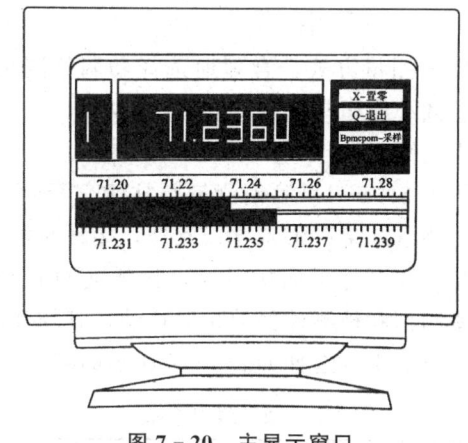

图 7-20 主显示窗口

**3. 找转折点**

被测件安装在工作台上，被测尺寸线往往与仪器测量轴线不重合，这就需要进行零件找正，找正是通过寻找零件"转折点"来实现的。因此，对于卧式端度仪器，找"转折点"是经常使用的基本操作。

操作工作台手柄使工件平移或转动，仪器示值随之大小变化，示值变化的返回点，称"转折点"或"拐点"，工件停在"转折点"处，即零件已被找正。

大多数工件测量时，要操作不同手柄寻找两次转折点；例如图 7-21 所示，测量一个圆柱体要先按图 7-21（a）所示，调整手柄使工作台左右偏摆，找到最小值，称"第一转折点"，并保留该状态，然后按图 7-21（b）所示，移动工作台横向手轮使测轴通过圆柱直径，即找最大值，称"第二转折点"。

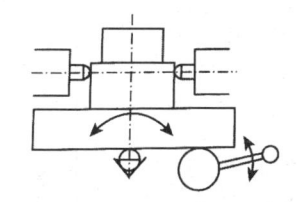

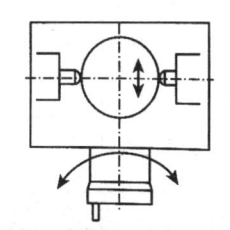

(a) 工作台左右偏摆，找到最小值　　(b) 移动工作台横向手轮，使测轴通过圆柱直径

图 7-21 找"转折点"的基本操作

操作手柄速度不可过快,特别是接近"转折点"时,速度应放慢,可以反复多找几次,比较其示值大小,最后确定下来。

4. 测量力的选择

万能测长仪采用接触测量,在测帽与工件之间必须施加测量力,以保证测头与工件良好地接触。但测量力的作用会引起工件和测头的弹性变形,从而带来测量误差。这种弹性变形确切地说是一种弹性压陷,当测量力取消后变形自动复原。

测量力可根据工件公差及工件易变形程度来选择,公差范围小和易变形工件,测量力应尽量小。万能测长仪测力由砝码产生,分别为2.5 N和1.5 N。转动图7-19旋钮31,打开小门,摘取砝码,可改变测力。测大工件或使用大测钩时用2.5 N,测小工件或使用小钩时用1.5 N测力。

5. 测帽的选择

万能测长仪采用的是接触测量方式,合理地选择和调整测帽可以避免较大的测量误差。测帽的选择原则是尽量减小测帽与被测件的接触面积。

接触面积过大有如下不利因素:

带入调整误差。例如用1.5×8刃口测帽测量圆柱体直径时,两测帽平面的微小不平行将使得在刃口不同部位的测量结果产生差异;此外,接触面积过大还可引起测量结果不稳定。例如用Φ8平面测帽与被测件平面接触时,接触面间脏物和油层引起测量的不稳定;而采用球面测帽,只要测帽和被测件稍稍相对移动,脏物和油层即可排除。

对于不同形状的零件,我们推荐选择如表7-2所示的测帽。

表7-2 测帽选择

| 被测件类型 | 推荐选用测帽 |
| --- | --- |
| 测量平行平面的距离 | 球面测帽 |
| 圆柱形零件 | 球面测帽(圆柱最高点以移动工作台找转折点而定) |
| 球形零件 | Φ2或Φ8平面测帽(视球径大小而定) |
| 用三针测量螺纹中经 | Φ8平面测帽(当螺距大于5mm时一侧应用Φ14mm平面测帽) |

6. 附加工作台的选择

JD25-C型万能测长仪除基本工作台外,还具有多种附加工作台,以适应各种不同形状不同要求的零件。各种工作台的应用范围如表7-3所示。

表7-3 附加工作台的应用范围

| 工作台种类 | 适用零件范围 | 参见图号 |
| --- | --- | --- |
| 基本工作台 | 块规,方块形零件,短粗内外圆柱体 | 图7-22 |
| 顶针架 | 带有中心孔的塞规,芯轴,阶梯轴等 | 图7-23 |
| 单V型支架 | 不带中心孔的塞规及短轴 | 图7-24 |
| 双V型支架 | 细长量棒,内径千分尺 | 图7-25 |
| 圆形浮动工作台 | 球体,螺纹环规 | 图7-26 |
| 电测绝缘工作台 | 电测法测孔 | 图7-27 |
| 倾斜固定支架 | 外径千分尺 | 图7-28 |
| 十字固定支架 | 卡板 | 图7-29 |
| 条形垫铁一对 | 薄形圆盘,圆环直径及板形内、外尺寸 | 图7-22 |

## 7. 温度影响及修正

长度计量理想的温度条件是环境温度20℃；被测工件和仪器应在同一环境中充分等温，工件和仪器二者温度相等；测量过程中环境温度波动要小。环境温度偏离20℃或工件与仪器不等温，都将引起测量误差。

偏离以上条件引入的长度误差为：

$$\Delta L = [\alpha_工 \times (t_工 - 20) - \alpha_仪 \times (t_仪 - 20)] \times L$$

式中：$\alpha_工$、$\alpha_仪$ 分别为工件和仪器光栅尺材料的线膨胀系数；$t_工$、$t_仪$ 分别为工件和仪器光栅尺的实际温度；$L$、$\Delta L$ 分别为工件名义长度和不等温引起的测量误差。

本仪器光栅尺材料的线膨胀系数为：$10 \times 10^{-6}/℃$

在高精度、大尺寸工件测量中，应测出工件温度和仪器温度，并查出工件材料的线膨胀系数，根据上述公式求出 $\Delta L$，对测量结果进行修正。工件及仪器的温度可通过贴附温度计测量。对于JD25-C型万能测长仪，可用软件对温度引起的测量误差直接进行修正，不必再进行人工修正。

### （二）光滑工件外尺寸的测量

外尺寸测量分绝对测量和相对测量两种方式。

先按要求调好测帽、测力并注意温度情况，然后选择并安装合适的工作台，并将工件固定在工作台上。

#### 1. 绝对测量

（1）先使两测帽接触，记下显示的示值 $L_0$ 或按键将示值清零。

（2）将被测件移入两测帽之间，并接触；找到"转折点"，记下显示的示值 $L_1$。

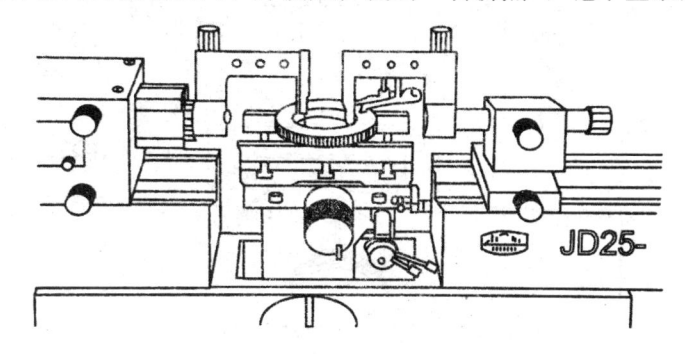

图 7-22 基本工作台及条形垫铁

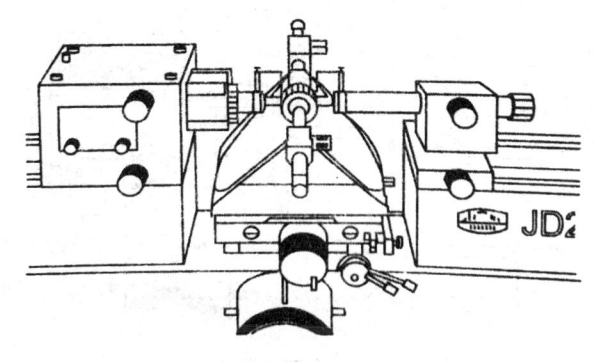

图 7-23 顶针架

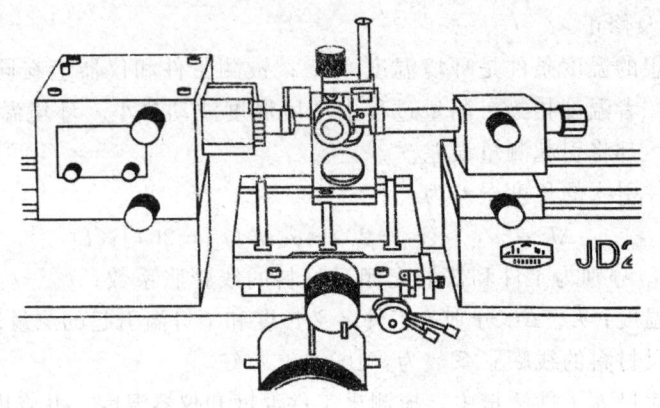

图 7-24 单 V 形支架

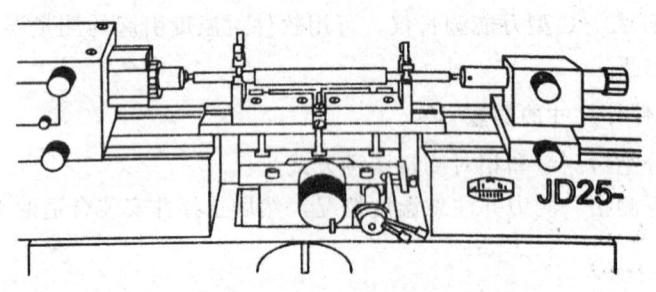

图 7-25 双 V 形支架

图 7-26 圆形浮动工作台

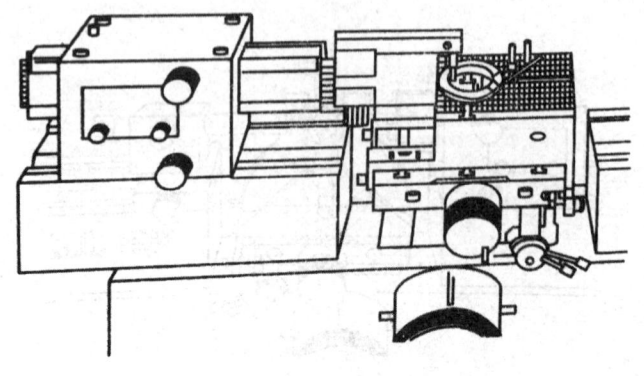

图 7-27 电测绝缘工作台

## 第七章 精密测量

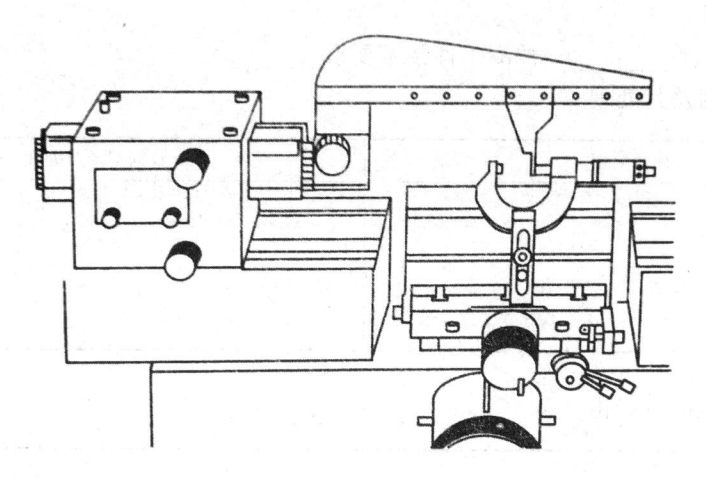

图 7-28 倾斜固定支架

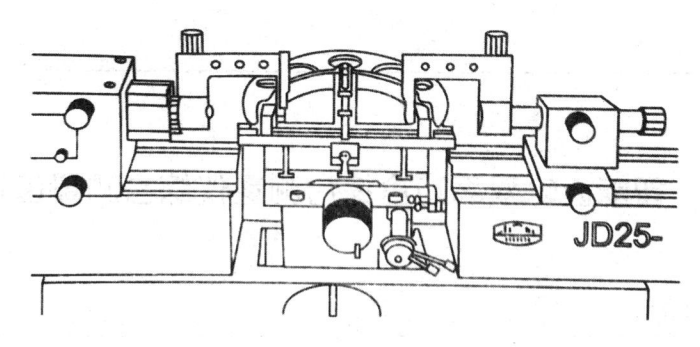

图 7-29 十字固定支架

（3）被测件实际尺寸 $L = L_1 - L_0$。

2. 相对测量

（1）先将标准件移入两测帽之间，并接触；找到"转折点"，记下显示的示值 $L_0$ 或按键将示值清零。

（2）将被测件移入两测帽之间，并接触；找到"转折点"，记下显示的示值 $L_1$。

（3）被测件实际尺寸 $L = L_1 - L_0 + L_s$（$L_s$ 为标准件实际尺寸）。

为了保证量值正确，在完成（2）操作后，可重复（1）操作，看初始值 $L_0$ 是否变化，若无变化则数据有效。为了发现被测件的形状误差，（2）项可重复操作，移动工作台，改变被测件测量部位，测出 $L_2, L_3, L_4$ ……

小于 100mm 的尺寸，可以绝对测量也可以比较测量，不过前者较为方便；大于 100mm 的尺寸，必须相对测量，且被测件与标准件尺寸之差应小于 100mm。

## 五、数据处理及结论

1. 量仪名称及规格

量仪名称_____ 分度值_____
量仪测量范围_____ 示值范围_____

2. 被测工件

被测工件名称_____    被测工件技术要求_____

3. 测量数据及其处理

| 测量简图 | 数据记录及处理 |
| --- | --- |
|  |  |

4. 合格性判断及缘由

|  |
| --- |
|  |

## 实训二十九  智能齿轮双面啮合综合测量仪综合测量齿轮径向参数

### 一、实训目的

1. 了解智能齿轮双面啮合综合测量仪的结构和测量原理
2. 会使用智能齿轮双面啮合综合测量仪测量齿轮径向综合总偏差 $F_i''$ 和一齿径向综合偏差 $f_i''$ 以及径向跳动 $F_r''$
3. 掌握用智能齿轮双面啮合综合测量仪测量齿轮径向参数的误差处理

### 二、实训仪器

智能齿轮双面啮合综合测量仪

### 三、仪器结构和测量原理说明

1. 仪器结构

3100A 型智能齿轮双面啮合综合测量仪主要由以下部分组成，如图 7-30 所示：主机、计算机、打印机。其中 3100A 型智能齿轮双面啮合综合测量仪的主机主要由仪座 8、固定在仪座上的主轴座 1、在仪座上滑动的工件滑座 7 和可沿 V 型导轨浮动的工件滑板 6 以及固定在主轴座 1 上的左立柱 2、固定在工件滑板 6 上的右立柱 4 等部分组成。工件滑座 7 移动的距离应根据保证测量齿轮和被测齿轮能进行紧密的无侧隙啮合来确定，定位后用锁紧手轮 5 锁紧。工件滑板 6 在弹簧力的作用下，沿 V 型导轨靠向主轴座 1，但转动手柄 3 时可迫使工件滑板 6 后退以便于装卸齿轮。测量齿轮定位在左立柱上、下顶尖之间，被测齿轮定位在右立柱上、下顶尖之间（测量带轴齿轮）或通过心杆 11 定位（测量带孔齿轮）。

注意：心杆 11 在用于测量带孔圆柱齿轮时厂家可根据用户需要确定其不同规格的轴径及过渡套。

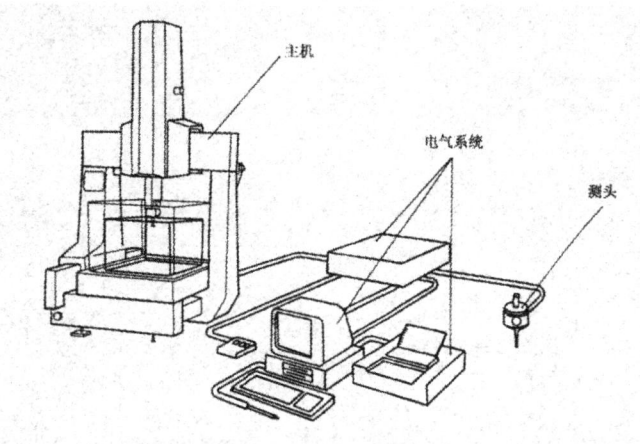

1—主轴座；2—左立柱；3—手柄；4—右立柱；5—锁紧手轮；6—工件滑板；7—工件滑座；8—仪座；
9—计算机；10—打印机；11—心杆

图 7-30　智能齿轮双面啮合综合测量仪

2. 测量原理

测量齿轮定位在左立柱 2 上、下顶尖之间并由电机驱动，被测齿轮定位在右立柱 4 上、下顶尖之间（测量带轴齿轮）或通过心杆 11 定位（测量带孔齿轮）。移动工件滑座 7 使两齿轮能进行紧密的无侧隙啮合并用锁紧手轮 5 固定；转动手柄 3，可沿 V 型导轨浮动的工件滑板 6 借助弹簧力靠向或离开主轴座 1，使两个齿轮进行紧密的无侧隙啮合或脱开。测量齿轮转动并带动被测齿轮转动时，检查由于齿轮加工误差引起其中心距变化来综合反映被测齿轮的误差。测量过程由计算机随测随显，测量后由打印机输出测量结果。

### 四、仪器使用、操作

（1）仪器使用前应将各工作表面，被测齿轮以及与被测齿轮模数相同的测量齿轮清洗干净，插好各连接电缆，计算机与显示器、打印机的电缆连接参见计算机用户手册；仪器与计算机连接如图 7-31 所示，将编码器、光栅长度计、电机控制三个插头与对应标号的微机插座接好，接通电源。

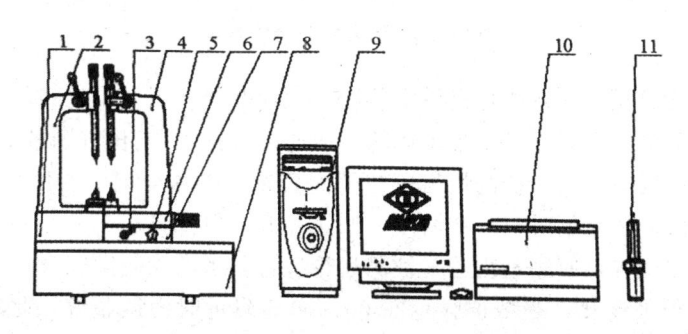

图 7-31　仪器与计算机连接

(2) 启动计算机后,在 Windows 桌面,用鼠标左键快速双击 3100A 快捷方式图标,进入测量程序,输入被测齿轮参数,如图 7-32、图 7-33 所示。

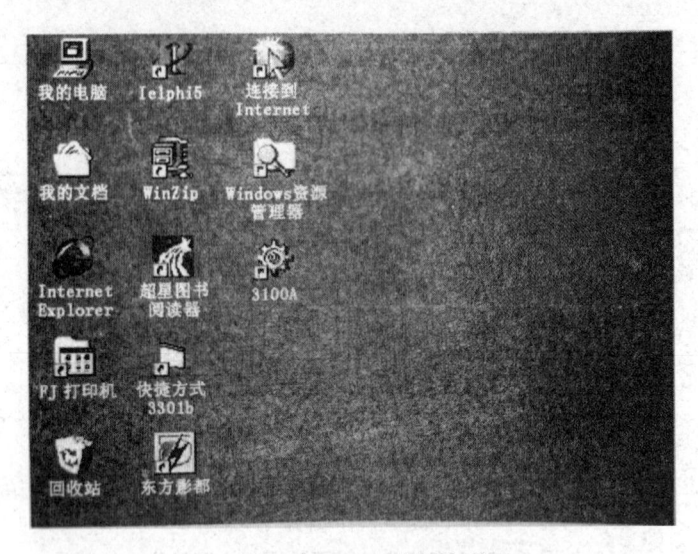

图 7-32　Windows 桌面参考图

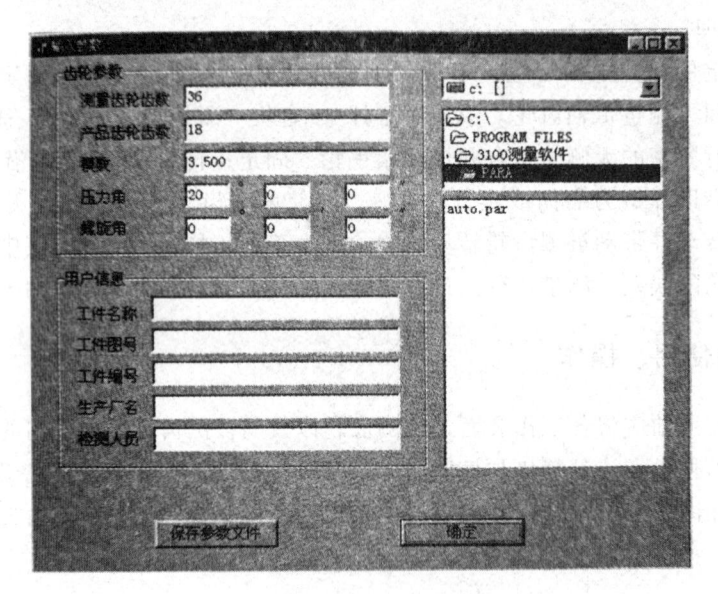

图 7-33　输入被测齿轮参数

(3) 用带动器或联轴器将测量齿轮安装在左立柱 2 上、下顶尖之间,将被测齿轮安装在右立柱 4 上、下顶尖之间(测量带轴齿轮)或通过心杆 11 定位(测量带孔齿轮)。

(4) 将手柄 3 扳向左边,在测量齿轮与被测齿轮还未啮合前,在测量窗口,点按钮,打开调整显示窗口。在有效时,按"清零"按钮,此时数值显示为 00.000 0。松开手轮 5 调整工件滑座 7 的位置,使测量齿轮与被测齿轮进行紧密的无侧隙啮合,注意观察调整显示窗口所显示数值的变化,当数值显示在 00.000 5 附近时为调整好,此时用锁紧手轮 5 将工件滑座 7 锁紧,如图 7-34 所示。

图 7-34 输入被测齿轮参数

（5）将手柄 3 扳向左边，使测量齿轮与被测齿轮进行紧密地无侧除啮合，点按计算机工具条钮开始进入自动测量，此时电机旋转驱动测量齿轮转动并带动被测齿轮转动，对被测齿轮进行测量。测量过程由计算机随测随显，测量后由打印机输出测量结果。

（6）当一个齿轮测量完毕后，将手柄 3 扳向右边，使被测齿轮与测量齿轮脱开，卸下被测齿轮，更换新的被测齿轮；将手柄 3 扳向左边，开始新的测量。

（7）为了检查齿轮工作面的接触情况，在测量齿轮的齿面上，均匀而薄薄地涂上一层普鲁示兰，然后与被测齿轮啮合，相对转动后确定其接触精度。

（8）当工作齿轮需要配对检查时，将其中一个齿轮安装在左立柱 2 上、下顶尖之间，另一个齿轮安装右立柱上、下顶尖之间（测量带轴齿轮）或通过心杆定位（测量带孔齿轮）进行啮合，检查其中心距的变化情况。

## 五、数据处理

1. 量仪名称及规格

量仪名称_____ 指示表分度值_____

量仪测量范围_____

2. 被测齿轮

模数_____ mm  齿数 $z$ _____

标准压力角 $\alpha$ _____

齿轮径向综合总偏差允许值 $F_i''$ _____ $\mu m$

一齿径向综合偏差允许值 $f_i''$ _____ $\mu m$

齿轮径向跳动公差允许值 $F_r$ _____ $\mu m$

3. 测量数据

| 测量简图 | 数据记录及处理 |
| --- | --- |
|  |  |

4. 合格性判断及缘由

# 实训三十三　坐标测量机测量几何量误差

## 一、实训目的

1. 了解先进的测量技术
2. 了解三坐标测量机的测量原理
3. 基本掌握使用三坐标测量机测量零件几何量误差的方法

## 二、实训设备

三坐标测量机

## 三、仪器结构及工作原理

1. 仪器结构构成

三坐标测量机可由主机、测头、电气系统三大部分组成，如图 7-35 所示。三坐标测量机的主要部分——测量头系统部分，如图 7-36 所示。

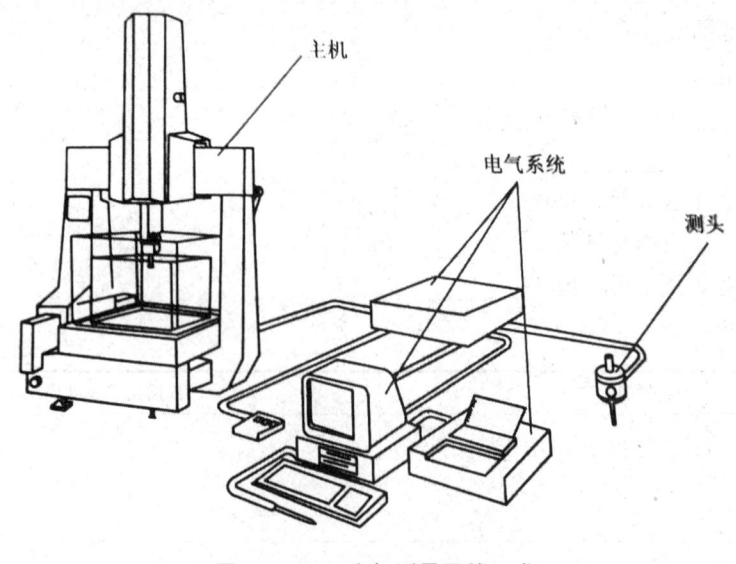

图 7-35　三坐标测量及的组成

## 第七章 精密测量

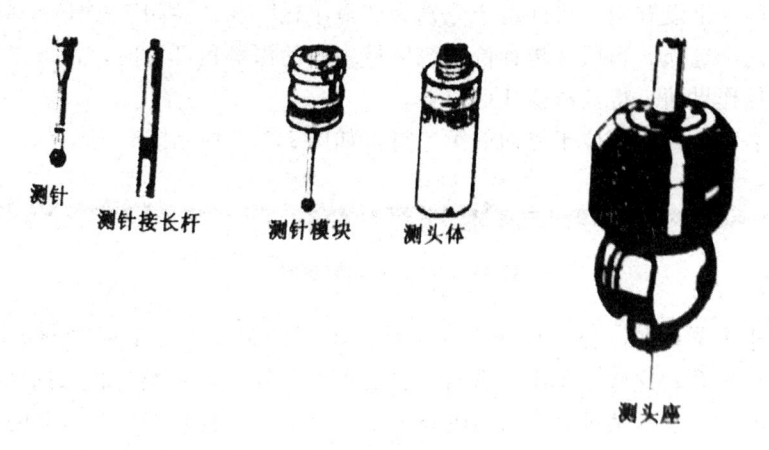

图 7-36 测头系统组成

2. 测量原理

三坐标测量机基于坐标测量原理。而三维测量需要 X，Y，Z 方向的运动导轨，可测出空间范围内各测点的坐标位置。将被测物体置于三坐标测量机的测量空间，可获得被测物体上各测点的坐标位置，根据这些点的空间坐标值，经过数学运算，求出被测的几何尺寸、形状和位置。

三维测头即是三维测量的传感器，它可在三个方向上感受瞄准信号和微小位移，以实现瞄准与测微两种功能。测量机的测头主要有硬测头、电气测头、光学测头等。测头有接触式和非接触式之分。按输出的信号分，有用于发信号的触发式测头和用于扫描的瞄准式测头。

测量机软件包括控制软件与数据处理软件。这些软件可进行坐标变换与测头校正，生成探测模式与测量路径，可用于基本几何元素及其相互关系的测量，形状与位置误差测量，齿轮、螺纹与凸轮的测量，曲线与曲面的测量等。具有统计分析、误差补偿和网络通信等功能。

任何复杂的几何表面与几何形状，只要测头能感受到的地方，就可以测出他们的几何尺寸和相互位置关系，并借助计算机完成数据处理。

### 四、三坐标测量机测量软件界面介绍

Automet 软件的操作界面由 9 个区域组成，如下每个区域的位置、范围及功能都是相对独立的。

（1）界面的标题区域，它位于操作界面最上方的一行，底色为深蓝色。

该区域的最左方，是一个小图标，用鼠标左键单击此处，可弹出一菜单，该菜单中有两个可用的选项。一项为"最小化"，单击此处可使操作界面被压缩成一个小的"按钮"放置在屏幕最下方，此时，Automet 软件的操作并未被停止或关闭，但可将其下面的桌面或其他软件的操作界面显露出来，并可同时进行其他操作。如想使 Automet 软件的操作界面复原，用鼠标左键单击由 Automet 操作界面压缩成的"按钮"即可；另一项为"关闭"，单击此处即可退出并关闭 Automet 软件操作界面。该区域的最右方有三个方形

小按钮，中间的一个没有用，另外两个分别为"最小化"和"关闭"按钮，其作用完全等同于菜单上的两个选项。当鼠标指针位于该区域中间的深蓝色部分时，按下鼠标左键可用鼠标拖动批个操作界面，将其移至任何位置。

(2) 菜单名称区域，它位于界面的第二行，如图7-37所示。

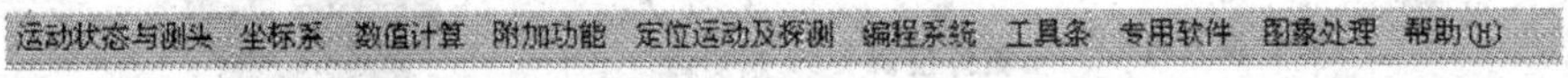

图7-37 菜单名称区域

此处共有十个菜单名，分别代表着十个功能不同的菜单，用鼠标左键单击某一名称时，即将该菜单打开。这些菜单中包含有三种类型的选择项，一类为状态选择项，其标志是在其名称前有一个表示某种状态有效的符号R，有的是一种状态的开与关的切换，有的是相邻两选项的切换，还有的是多项选择；第二类是功能"按钮"，当鼠标左键在其上单击时，立即执行某种操作或者打开一个数据输入窗口，当要求的数据输入完成后再执行某一操作，也可能打开另一层操作界面，指示操作者进行特定的操作；第三类是子菜单下面的菜单。

(3) 特别操作区，它位于界面的第三行，如图7-38所示。

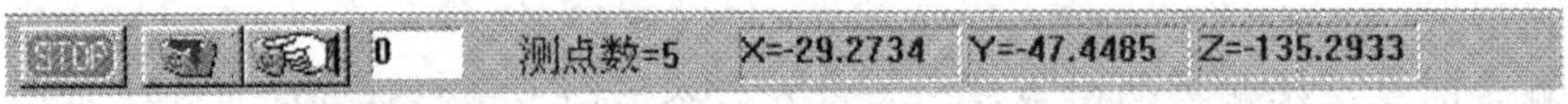

图7-38 特别操作区

此区域从左到右有三个固定的"按钮"，分别是"急停"（其图标为STOP），"全部删除"和"选择删除"，用鼠标左键单击图标画图可使正在运动中测量机立即停下来，单击"全部删除"图标可将此前已获得的尚未使用的测点全部清除掉，该功能经常被用于清除多个错误测点；若要删除测点序列中指定的某一点则先在图标后的窗口内输入要删除的测点的序号，再单击"选择删除"图标，若不输入序号，则单击"选择删除"图标时自动选择测点序列中的最后一点，再次单击，此点即被删除。在窗口之后，是现存测点数的显示，表示已获得的尚未使用的测点数。

最后是当前选用测针的球心位置。其坐标值是当前坐标系下的值，且以选定的坐标形式来表示。

(4) 工具条分布区域，它位于界面的第四、第五行，如图7-39所示。

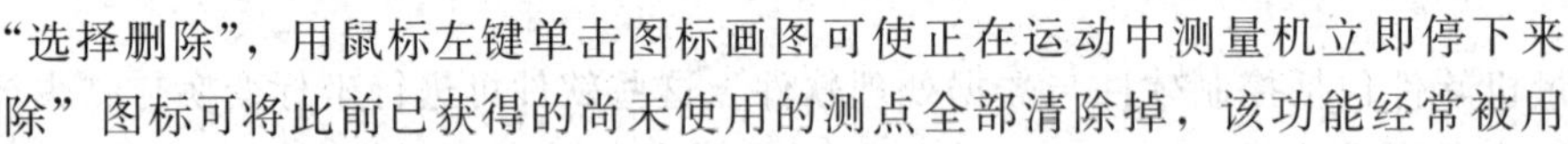

图7-39 工具条分布区域

工具条共有六个，可以用鼠标拖动移到该区域及其下方的任意位置。拖动时只需要使鼠标指针位于要移动的工具条的四周处，按住鼠标左键，并滑动鼠标，将工具条拖到需要的位置后松手即可。用鼠标还可以改变工具条的形状，使其成为横条、竖条、正方形或长方形，但这只能在工具条被移出该区域之后才可以进行，方法是将鼠标指针定位于工具条

## 第七章 精密测量

的边缘，这时指针的形状变为＊＊或＊＊，按住左键，滑动鼠标，待工具条变为需要的形状后才松手。此外，当鼠标指针在工具条上某一按钮处稍作停留，在指针的下方即可出现此按钮功能的提示，其持续时间约为5秒。这种提示还在界面左下角显示。

（5）当前选用测针的显示区，位于工具条分布区下方的左上角，是一个固定的区域，其位置、形状及大小均不能改变。其上部图形为一标准星形测针示意图，如果校准时，各测针的方位符合该图形，则它会正确地指示出当前所选的测针（图形中圆球呈绿色的测针）；该区域的下部标示出当前所选的测针文件号和测针号，具体如图7－40所示。

图 7－40　测针示意图

（6）影像显示区，该区域在影像测量时被用来显示被测图形，以在其上瞄准采点。而在接触式测量时则没有用处。

（7）影像测量功能区，该区域位于工具条分布区下方的右上角，该区域的各种按钮可完成影像测量所需的操作。

（8）程序编辑/运行区域，它位于影像测量功能区的下方。在此可显示将要运行的测量程序或编辑将要被编辑的测量程序。

（9）操作及结果显示区，它位于界面的最下方，如图7－41所示。

图 7－41　操作及结果显示区

其作用是对某些重要的操作做出提示性的显示，并对测量结果及时进行显示。同时在此区域还可直接对测得的元素进行再次转换及重用等操作。该区域分为两部分，左边是主要显示区，右边只用来显示将要被重用的元素的序号和名称。

### 五、测量步骤

1. 测头及标准球的标定
（1）定义测头直径。
（2）用鼠标单击"测头"图标。
（3）再单击"定义测头"图标。
（4）在相应图标中输入定义值及测头直径的理论值。
（5）用鼠标单击上图"确认"，即完成定义测头功能。
（6）计算机自动提示下一个新测头的标号。

2. 校验测头
（1）用鼠标单击"测头"图标。
（2）再单击"校验测头"图标。
（4）在"测头标号"处选择要校验的测头标号，再键盘输入"标准球的直径"。

(5) 然后选择"手动模式"校验所需的测头。

(6) 当第一次校验完毕,可看到标准球的球心坐标已自动显示出来。

(7) 用户可根据测头类型去分别用"手动模式"或"自动模式"校验每一被定义的测头。

3. 基本元素的测量

(1) 用鼠标单击"测量"图标。

(2) 然后单击"被测元素"图标。

(3) 作区将显示该测量元素的标号及测量点数,可根据工作区的提示对测量元素进行删除点、增加点等修改。

(4) 然后进行测量,即可得到被测基本元素的实际值。

## 六、数据处理及结论

1. 量仪名称及规格

量仪名称_____    分度值_____

技术规格_____

2. 被测工件

被测工件名称_____    被测工件技术要求_____

3. 测量数据及其处理

| 测量简图 | 数据记录及处理 |
|---|---|
|  |  |
| 图像记录 ||
|  ||

4. 合格性判断及缘由

|  |
|---|
|  |